Verhandlungstipps für Dummies – Schummelseite

Fünf wichtige F

- Gründliche V
- Die Fähigkeit
- Gut zuhören … eren
- Wissen, wie und wann Sie auf Ihre Pause-Taste drücken müssen
- Wissen, wie ein Geschäft abgeschlossen wird

Sechs praktische Regeln für bessere Fragen

- Planen Sie Ihre Fragen im Voraus.
- Schneiden Sie die Frage auf Ihren Zuhörer zu.
- Stellen Sie erst eine allgemeine und danach eine Anschlussfrage.
- Stellen Sie kurze und deutliche Fragen – und immer nur zu einem Thema.
- Vermeiden Sie Fragen, bei denen man nur mit »ja« oder »nein« antwortet. Stellen Sie offene Fragen!
- Unterbrechen Sie nicht. Lassen Sie den Befragten in Ruhe antworten!

Körpersprache verstehen

Körperregion	Aufmerksamkeit (Positive Zeichen)	Unaufmerksamkeit (Negative Zeichen)
Gesichtsausdruck und Augen	Lächeln, häufiger Blickkontakt, an der Person interessiert	Kein Blickkontakt, schmale Augen, Kopf zur Seite geneigt
Arme und Hände	Arme gespreizt, Hände offen auf dem Tisch, auf dem Schoß oder auf der Stuhllehne	Hände verkrampft, Arme über der Brust verschränkt, Hand über dem Mund oder im Nacken
Beine und Füße	Sitzend: Beine zusammen oder eines leicht vor dem anderen	Sitzend: Übereinandergeschlagene Beine, die vom Redner wegzeigen
	Stehend: Körpergewicht gleich verteilt, Hände in den Hüften, dem Sprecher zugewandt	Sitzend oder stehend: Beine und Füße zeigen zum Ausgang
Körper	Auf der Stuhlkante sitzend, Jackett geöffnet, Körper dem Sprecher zugewandt	Steife Sitzhaltung, im Stuhl zurückgelehnt, Jacke geschlossen

Michael C. Donaldson

Verhandlungstipps für Dummies

Das Pocketbuch

Übersetzung aus dem Amerikanischen
von Daniela Thoma

WILEY-
VCH

WILEY-VCH Verlag GmbH & Co. KGaA

Bibliografische Information der Deutschen Nationalbibliothek
Die Deutsche Nationalbibliothek verzeichnet diese Publikation in der Deutschen Nationalbibliografie; detaillierte bibliografische Daten sind im Internet über http://dnb.d-nb.de abrufbar.

1. Auflage 2009

Mehr über das Verhandeln erfahren Sie in »Erfolgreich Verhandeln für Dummies«.

Printed in Germany
Gedruckt auf säurefreiem Papier

Satz Conrad und Lieselotte Neumann, München
Druck und Bindung AALEXX Buchproduktion GmbH, Großburgwedel

ISBN 978-3-527-70459-0

Inhaltsverzeichnis

Einführung

Sie verhandeln den ganzen Tag lang – nicht nur bei der Arbeit, sondern bei jeder sich bietenden Gelegenheit: mit Ihrem Chef oder Ihren Angestellten, mit Lieferanten und Kunden, mit Ihrem Ehepartner oder Ihren Kindern und sogar mit dem Kundendienst, der Sie besucht und den Kühlschrank dann doch nicht repariert. In all diesen Beziehungen sind laufend Verhandlungen erforderlich.

Seien Sie sich darüber im Klaren: Sie führen den ganzen Tag lang irgendwelche Verhandlungen, die Sie noch viel, viel besser führen könnten. Egal, wie hoch Sie Ihre Fähigkeiten heute einschätzen mögen – morgen können Sie noch stärker sein. Und *Verhandlungstipps für Dummies* wird Ihnen dabei helfen.

Dieses Buch vermittelt Ihnen grundlegende Verhandlungstipps und hilft Ihnen, aus einer Position der Stärke zu verhandeln. Wenn Sie die Hinweise der Verhandlungsführung erst einmal verinnerlicht haben, können Sie zum selbstbewussten und erfolgreichen Verhandlungsführer werden und alle brenzligen Situationen meistern.

Törichte Annahmen über den Leser

Dies ist genau das richtige Buch für Sie, wenn Sie

- am Anfang Ihrer Karriere stehen oder einfach nur Ihre Kenntnisse auffrischen wollen,
- ständig von allen unter den Tisch geredet werden, Ihre Position durchsetzen können oder ein von allen bewunderter Meister der Verhandlungsführung sind, der aber noch besser werden will,

- arbeitslos sind und einen Job suchen oder einen Job haben, aber eine Gehaltserhöhung wollen,
- ein Teamplayer sind, der sein Verhandlungsgeschick verbessern möchte, oder ein Teamleiter, der in der nächsten Verhandlung ein spezielles Ziel verfolgt.

Über dieses Buch

In diesem Buch geht es nicht darum, wie man jemand anders über den Tisch zieht. Dieses Buch gibt Ihnen einige Verhandlungsregeln an die Hand und vermittelt wichtige Fertigkeiten.

Betrachten Sie dieses Buch als Freund oder Trainer, als jemanden, an den Sie sich wenden können, wenn Sie einen schnellen Rat zum Thema »Verhandeln« brauchen. Wenn Sie diese Fertigkeiten lange genug trainieren, können Sie ein wirklich erfolgreicher Verhandlungsführer werden. Beziehen Sie Ihre gesamte Familie in die Entwicklung Ihrer praktischen Fähigkeiten ein, die den Kern des Erfolges jedes guten Verhandlungsführers ausmachen.

Wie dieses Buch aufgebaut ist

Teil I: Die richtigen Ziele, die richtigen Fragen

In diesem Teil geht es darum, Ziele zu setzen und Grenzen zu definieren. Sie müssen sich über Ihre Ziele und Grenzen klar werden *bevor* die Verhandlung beginnt. Nur wenn Sie diese genau kennen, können Sie von Anfang an eine Verhandlung in Ihrem Interesse führen und entscheiden, ob Sie ein Geschäft abschließen oder nicht.

Die richtigen Fragen, richtig formuliert und zum richtigen Zeitpunkt vorgebracht, sind der Schlüssel zu Ihrem Verhandlungserfolg. Sie sind Ihre Werkzeuge, mit denen Sie Informationen aus Ihrem Gegenüber herauskitzeln. Fragen Sie nie einfach drauf los: Werden Sie sich bewusst, was Sie wann wie fragen!

Teil II: Beobachten Sie die Körpersprache

Auch die nonverbale Kommunikation ist ein wichtiger Teil der Verhandlungsführung. Die Körpersprache kann genauso ausdrucksfähig sein wie das gesprochene Wort. Achten Sie auf Gesten – einen Händedruck, eine Umarmung – und Sie werden entschlüsseln, was Ihr Verhandlungsgegner wirklich denkt.

Teil III: Wie Sie mit schwierigen Menschen und Situationen umgehen

Widrige Umstände und Störfaktoren können eine erfolgreiche Verhandlung behindern. Dieser Teil zeigt Ihnen typische Persönlichkeiten, die Ihre Bemühungen blockieren, und schmutzige Tricks, die Ihnen das Verhandlungsleben schwer machen. Lernen Sie, wie Sie mit beidem fertig werden und in jeder Situation Überlegenheit demonstrieren. Der Widrigkeiten nicht genug, erfahren Sie, wie Sie mit einem Verhandlungsabbruch umgehen, um am Ende Ihren Vorteil zu wahren.

Teil IV: Der Top-Ten-Teil

Der Top-Ten-Teil zeigt Ihnen die wichtigsten Charakterzüge eines guten Verhandlungsführers und bereitet Sie ein klein wenig auf die wichtigsten Verhandlungen Ihres Lebens vor.

Symbole, die in diesem Buch verwendet werden

Dieses Symbol weist auf die schmutzigen Tricks hin, mit denen Verhandlungshaie Sie reinlegen wollen. Hüten Sie sich vor diesen Fallen – und verwenden Sie diese schmutzigen Tricks auch nicht selbst.

Dieses Symbol betont die Informationen, die Sie unbedingt und immer bedenken müssen, wenn Sie Ihre Verhandlungen zu einem erfolgreichen Ende bringen wollen.

Dieses Symbol weist auf die ehrlichen Tricks dieses Geschäfts, die kurzen Wege und die Fallstricke hin. Wenn Sie nach diesem Symbol suchen, können Sie bei Ihren nächsten Verhandlungen viel Zeit und Geld sparen und obendrein Ihr Gesicht wahren.

Teil I

Die richtigen Ziele, die richtigen Fragen

In diesem Teil ...

Das Setzen von Zielen und Grenzen ermöglicht Ihnen erst die erfolgreiche Führung einer Verhandlung. Wenn Sie zu Beginn nicht wissen, wohin Sie wollen, können Sie Ihren Weg auch nicht konsequent gehen. Erfahren Sie, wie Sie sich selbst richtige Ziele stecken und sie dann verfolgen. Lesen Sie, wie Sie mit guten und passenden Fragen notwendige Informationen aus Ihrem Gegenüber herauskitzeln und die Weichen für Ihren Verhandlungserfolg stellen. Lassen Sie eine gute Zielsetzung und Fragetechnik zur Basis für Ihren Erfolg werden.

Richtige Ziele festlegen 1

In diesem Kapitel

- ✔ Ziele festlegen und bewerten
- ✔ Ihre Ziele beibehalten

Fühlen Sie sich in Ihrem Geschäftsgebiet ausgefüllt? Erreichen Sie, was Sie sich für Ihr Leben vorgenommen haben? Wenn nicht, kann Ihr Problem darin liegen, dass Sie sich keine Ziele gesetzt haben. Vielleicht sind Ihre Ziele auch zu allgemein gehalten? Die Festlegung von Zielen erfordert einige Zeit.

Vielleicht haben Sie zunächst Angst, sich Ziele zu setzen, weil Sie fürchten, sie nicht zu erreichen. Aber jeder Sportler kann Ihnen sagen, dass Misserfolge und Fehlschläge zum Erfolg dazugehören. Im Fußball ist ein einziger Treffer bei 20 Schüssen aufs Tor schon ein sehr gutes Verhältnis.

Wenn Sie sich entwickeln wollen, müssen Sie für sich selbst und für die nächste Verhandlung Ziele festlegen. Die Festlegung von greifbaren Zielen gehört dazu, wenn Sie Erfolg haben wollen.

Die Festlegung von Zielen für sich selbst, für andere und für Ihr Unternehmen erfordert Sorgfalt, Disziplin und Konzentration. Eine gute Gedächtnisstütze bei der Definition richtiger und realistischer Ziele bietet das Akronym SMART. SMART steht für **S**pezifisch, **M**essbar, **A**ngemessen, **R**elevant, **T**erminiert. Dieses Kapitel erklärt Ihnen einige Eckpunkte bei der Zielsetzung mit SMART.

Ein *Ziel* ist das, was Sie mit aller Kraft erreichen wollen. Die Entscheidung, einen Bestseller zu schreiben, ist keine Zielsetzung – das ist pure Tagträumerei. Die Entscheidung, ein gutes Buch zu schreiben, ist ein Ziel (ein ehrgeiziges zwar, aber immerhin ein Ziel). Untersuchungen haben ergeben, dass Menschen, die sich ehrgeizige und präzise Ziele setzen, mehr leisten als andere.

Wenn Sie Ziele festlegen, müssen Sie überlegen, was Sie eigentlich erreichen wollen. Für Ihre beruflichen Ziele fragen Sie sich Folgendes:

- ✔ Welche Stufe auf der Karriereleiter will ich erreichen?
- ✔ Welches Wissen, welches Training oder welche Fähigkeiten werde ich brauchen, um eine bestimmte Stufe in meiner Laufbahn zu erreichen?
- ✔ Wie möchte ich von meinen Kunden und anderen Mitgliedern meines Teams wahrgenommen werden?
- ✔ Wie viel Geld will ich verdienen? In welcher Phase meiner beruflichen Laufbahn will ich diesen Betrag verdienen?
- ✔ Will ich in meiner beruflichen Laufbahn irgendwelche künstlerischen Ziele erreichen? Falls ja, welche?

Für Ihre persönlichen Ziele denken Sie über Folgendes nach:

- ✔ Plane ich eine Familie? Falls ja, wann?
- ✔ Habe ich Ziele für meine Fitness oder mein Wohlbefinden? Will ich zum Beispiel bis ins hohe Alter gesund bleiben? Welche Maßnahmen muss ich ergreifen, um dieses Ziel zu erreichen?

- ✔ Wie viel Zeit werde ich für meine Freizeit einplanen? Welche Hobbys will ich betreiben?

Nachdem Sie diese Fragen beantwortet haben, ordnen Sie Ihre Ziele nach ihrer Wichtigkeit. Dabei sollten Sie darauf achten, dass die Ziele Ihr berufliches und persönliches Bestreben widerspiegeln.

Aktive Teilnahme aller Teammitglieder

Wenn Sie im Namen einer anderen Person verhandeln oder Mitglied des Verhandlungsteams Ihrer Firma sind, ist die Bestimmung von Zielen eine Gemeinschaftsaufgabe.

Sie müssen damit rechnen, immer jemanden im Team zu haben, den Sie bei der Planungssitzung eigentlich lieber nicht dabei hätten. Vielleicht arbeitet diese Person langsamer, und Sie befürchten, dieser Mensch würde das Arbeitstempo des Teams negativ beeinflussen. Vielleicht ist diese Person aber auch ein Querulant und nörgelt an jeder Gruppenentscheidung herum. Geben Sie der Versuchung nicht nach, diesen Menschen auszuschließen. Sorgen Sie lieber dafür, dass alle Mitglieder des Verhandlungsteams so viel wie möglich zur Festlegung der Ziele beitragen. Alle müssen mit den Zielen einverstanden sein.

Die Entscheidung, ob ein Ziel ein gutes Ziel ist, müssen Sie treffen, wenn Sie das betreffende Ziel festlegen und nicht erst viel später. Oft hört man Verhandlungsteilnehmer klagen: »Mist, wir hätten unsere Ziele höher ansetzen sollen.« Wenn Sie selbst so etwas schon einmal sagen mussten, haben Sie bei der

Festlegung Ihrer Ziele eines der in den folgenden Abschnitten behandelten Elemente vergessen.

Behalten Sie Ihre Ziele im Auge

Viele Menschen sind frustriert, weil niemand auf sie hört. Wenn man diese Leute bittet, an der Festlegung eines Ziels mitzuarbeiten, kann deren Liste häufig überzogene Ziele enthalten. Ehe Sie sich versehen enthält die Zielaufstellung Forderungen, die mit der aktuellen Verhandlung gar nichts mehr zu tun haben. Dieses Phänomen ist häufig bei Besprechungen am Arbeitsplatz zu beobachten.

Wenn Sie frustrierte Mitarbeiter um ihre Mitarbeit bitten, glauben diese oft, dies wäre die beste Gelegenheit, mal ordentlich Dampf abzulassen. Wenn Sie aber zulassen, dass Menschen, die ihr eigenes Süppchen kochen, Ihre Ziele negativ beeinflussen, werden Sie nicht zu dem erwünschten Verhandlungsergebnis kommen.

Dieser Rat steht nicht im Widerspruch zu einem meiner Lieblingsmantras: »Fragen kostet nichts!« Auch wenn Ihre Ziele mit einer ganz bestimmten Verhandlung zu tun haben, können Sie auch ein anderes Thema, das damit nichts zu tun hat, in die Diskussion aufnehmen. Sie können einen kurzen Exkurs zu einem anderen Thema zwar zulassen, sollten es aber schnell fallen lassen, wenn die Reaktionen darauf zu kontrovers sind. Obwohl ein kurzes Abschweifen nicht schadet, sollten Sie sich immer darüber klar sein, dass Sie das nur zulassen, um die Primärziele nicht zu gefährden, die Sie für die Verhandlung festlegen wollen.

Weniger ist manchmal mehr

Die Verhandlung selbst diktiert die Anzahl der genauen Ziele, die Sie festlegen sollten. Es ist ganz erstaunlich, wie viele Ziele manche Menschen selbst in die einfachste Verhandlung hineinquetschen können. Seien Sie sich darüber im Klaren, dass Sie in einer einzigen Verhandlung nicht alles erledigen können.

Wenn zum Beispiel eine Gehaltserhöhung bei einem Gespräch mit Ihrem Chef die erste Priorität hat, sollten Sie im gleichen Gespräch nicht auch noch nach einem Dienstwagen, Bezahlung für Überstunden und einem Assistenten fragen. Wenn Sie zu viel auf den Tisch legen, verwirren Sie die Gegenseite nur. Ihr Chef wird abschalten, und Sie bekommen am Ende vielleicht gar nichts.

Bleiben Sie bei Ihrer Zielsetzung realistisch

Wenn Sie in einer Verhandlung zu viele Ziele festlegen, hält man Sie leicht für unkundig und naiv. Dieser Situation können Sie entgegenwirken, indem Sie eine schriftliche Beschreibung Ihrer Ziele mit in die Verhandlung nehmen. Beschränken Sie sich auf das, was Sie sich vorher notiert haben.

Andererseits sollten Sie Ihre Ziele aber auch nicht zu niedrig ansetzen. Die Festlegung sehr geringer Ziele ist so nachteilig für eine Verhandlung wie unrealistisch hohe Ziele. Niedrige Ziele signalisieren Schwäche und Desinteresse während einer Verhandlung. Der Verhandlungsgegner wird Sie schnell durchschauen. Sie sollten Ziele setzen, die leicht aus der Reichweite liegen, jedoch nicht so weit, dass Sie sie nicht erreichen können.

Bestimmte Ziele statt allgemeine Ziele

Ihre Ziele sollten niemals so abstrakt sein, dass niemand – nicht einmal Sie selbst – am Schluss sagen kann, ob sie denn überhaupt erreicht wurden. Um Zweideutigkeiten zu vermeiden, sollten Sie Ihre Ziele so weit wie möglich quantifizieren.

Wenn Sie zum Beispiel Ihr Haus verkaufen wollen und sagen »Ich will dafür so viel wie möglich«, ist das kein besonders klares Ziel. Die Aussage ist wahrscheinlich wahr, hilft Ihnen aber überhaupt nicht weiter.

Ein gut formuliertes Ziel für den finanziellen Teil dieser Verhandlung muss sich in einem exakten Betrag wie beispielsweise 300.000 Euro ausdrücken lassen. Wenn Sie den Betrag nicht quantifizieren können, ist das ein sicheres Zeichen dafür, dass Sie noch weitere Vorbereitungsarbeit leisten müssen.

Langfristige und kurzfristige Ziele trennen

Legen Sie Ihre Ziele für eine bestimmte Verhandlung immer auch im Hinblick auf Ihre langfristige Lebensplanung fest. Bleiben Sie dabei aber mit beiden Füßen fest auf der Erde. Sie wollen das Ziel der laufenden Verhandlung erreichen. Sie wollen aber auch, dass jede Verhandlung Sie ein Stückchen näher an Ihr Lebensziel bringt.

Zudem können Sie kein Haus kaufen, das 300.000 Euro kostet, wenn Ihr Einkommensziel nur bei 40.000 Euro liegt. Ein solches widersprüchliches Ziel wird die gesamte Arbeit sabotieren, die Sie in die Erreichung Ihres Ziels stecken. Sie sollten bei jedem Schritt im Zielsetzungsprozess versuchen, sich von widersprüchlichen Zielen zu befreien.

Herausforderungen, die auch erreichbar sind

Gehen Sie immer davon aus, dass Sie niemals mehr erreichen werden als Ihre Ziele. Diese Hypothese hat sich immer als richtig herausgestellt. Welch eine Überraschung! Gleichzeitig müssen Sie bei Ihren Zielen realistisch sein, denn alles andere wäre pure Tagträumerei.

Wenn Sie 300.000 Euro für Ihr Haus verlangen, in Ihrer Nachbarschaft aber noch kein Haus für diesen Preis verkauft wurde, sollten Sie einige sehr gute Gründe dafür nennen können, den Preis so hoch anzusetzen. Vielleicht steigen die Preise in der Gegend allgemein. Oder Ihr Haus ist größer oder neuer als die Häuser in der Nachbarschaft. Vielleicht wird in der Nähe gerade ein hypermodernes Einkaufszentrum errichtet, wodurch der Standort Ihres Hauses attraktiver wird. Alle diese Faktoren können dazu beitragen, einen Rekordpreis für Ihr Haus zu erzielen. Ohne diese besonderen Faktoren aber verschwenden Sie mit einer derartig hohen Preisforderung nur Ihre Zeit.

Andererseits wollen Sie aber sichergehen, dass Ihre Preisforderung eine Herausforderung ist. Wenn alle Häuser in Ihrer Nachbarschaft sich für 300.000 Euro verkaufen lassen, wäre dieser Preis kein wirkliches Ziel – es sei denn, Ihr Haus ist auffallend kleiner oder in weitaus schlechterem Zustand. (Dann sollten Sie jedoch lieber vorher den Garten herrichten und das Haus neu streichen.)

Um die vergleichsweise hohe Preisforderung zu rechtfertigen, müssen Sie sich etwas einfallen lassen. Wenn Sie zum Beispiel herausfinden, dass in naher Zukunft bauliche Veränderungen zur Verbesserung der Infrastruktur geplant sind, können Sie dies als Verkaufsargument verwenden.

Den Markt richtig einschätzen

Zu viele Leute setzen ihre Ziele zu ihrem eigenen Nachteil zu niedrig an. Gehen Sie gleich hoch ran oder lassen Sie es ganz bleiben – Sie können sicher sein, dass die andere Seite Sie nicht bitten wird, Ihr Ziel höher anzusetzen. Bedenken Sie aber auch, dass *zu* hoch angesetzte Ziele Verhandlungen scheitern lassen. Ausschlaggebend für jede einzelne Verhandlung ist allein, was der Markt hergeben kann, wie hoch der derzeitige Wert eines Objekts ist und welche Optionen Ihnen zur Verfügung stehen.

Sie werden schnell sehen, dass die Festlegung eines Ziels, das sowohl eine Herausforderung als auch erreichbar ist, eine Menge Informationen erfordert – Informationen, die Sie immer schon vor der eigentlichen Verhandlung brauchen. Die Festlegung von Zielen ist deshalb eine gute Methode zur Überprüfung, ob Sie sich für eine bestimmte Verhandlung optimal vorbereitet haben.

Keine Ziele ohne Prioritäten

Denken Sie daran, Ihre Ziele entsprechend ihrer Bedeutung anzuordnen. Nur in den wenigsten Verhandlungen werden Sie alle Ziele erreichen können. Sie sollten deshalb wissen, welche

Ziele für Sie die wichtigsten sind. Diese Entscheidung über die Wichtigkeit von Zielen kann zu einem Streitpunkt werden.

Klare und konkrete Ziele

Formulieren Sie Ihre Zielvorgaben SMART, das heißt:

Spezifisch: Definieren Sie Ihr Ziel klar und detailliert, sodass Fehlinterpretationen ausgeschlossen werden.

Messbar: Legen Sie konkret fest, mit welchen Maßstäben und Indikatoren festgestellt wird, ob Sie Ihre Zielvorgabe erreicht haben.

Angemessen: Setzen Sie Ziele, die eine Herausforderung darstellen und die die Beteiligten dazu ermuntern, sich über das bequeme Maß hinaus anzustrengen, aber immer noch erreichbar sind.

Realistisch: Setzen Sie Ziele, die dem Projektteam realistisch erscheinen.

Terminiert: Sensibilisieren Sie das Zeitgefühl Ihrer Teammitglieder. Setzen Sie einen Termin fest, bis zu dem die Zielvorgabe erreicht werden soll.

Verhandlungsteams überspringen den kritischen Schritt, Prioritäten festzulegen, häufig um des lieben Friedens willen. Leider verschieben sie die Diskussion dadurch lediglich auf einen späteren Zeitpunkt – der wahrscheinlich unpassender ist, zum Beispiel

- ✔ wenn das Team gerade zusammenhalten muss,
- ✔ wenn nicht genug Zeit ist, sich mit Randthemen zu beschäftigen,

- wenn der Einsatz für das Ergebnis höher scheint, weil er unmittelbarer ist,
- wenn eine Störung der Verhandlung am schädlichsten für das Ergebnis wäre.

Welch eine Katastrophe! Beißen Sie also lieber in den sauren Apfel und legen Sie Prioritäten gemeinsam mit Ihren Zielen fest.

Das Eröffnungsangebot

Das *Eröffnungsangebot* ist nicht mehr und nicht weniger als die erste eindeutige Aussage darüber, was Sie in einer bestimmten Verhandlung erreichen wollen. Nachdem Sie die Ziele für die Verhandlung festgelegt haben, können Sie sich Gedanken über das Eröffnungsangebot machen.

Bei einem Vorstellungsgespräch, zum Beispiel, besteht das Eröffnungsangebot aus Ihrem Gehaltsvorschlag. Erwarten Sie zu diesem Punkt keine eisernen Regeln oder todsicheren Rezepte. Zur Bestimmung des Eröffnungsangebots müssen Sie auf die festgelegten Ziele und Grenzen und auf die Informationen, die Sie während Ihrer Vorbereitung gesammelt haben, zurückgreifen.

Es ist klar, dass Ihr Eröffnungsangebot höher sein muss als die Ziele, die Sie sich gesetzt haben. Gleichzeitig darf es aber auch nicht so hoch liegen, dass Sie damit die andere Seite abschrecken oder sich selbst als unerfahrenen Esel hinstellen. In Abbildung 1.1 finden Sie eine grafische Darstellung dieser Beziehung.

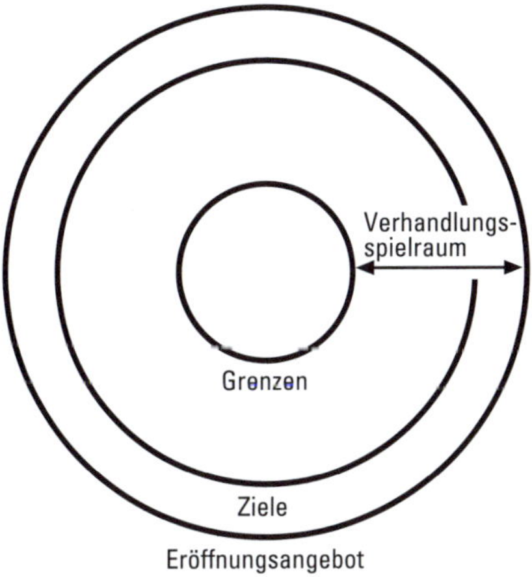

Abbildung 1.1: Die Beziehung zwischen Zielen, Grenzen und dem Eröffnungsangebot

Viele Menschen haben Angst davor, ein Eröffnungsangebot zu machen. Sie fürchten, die ganze vorhergehende Verhandlung zu verderben, falls sie eine zu hohe oder eine zu bescheidene Forderung auf den Tisch legen.

An der Höhe Ihres Angstpegels können Sie ablesen, wie gut oder schlecht vorbereitet Sie sind. Teil einer guten Vorbereitung ist die Kenntnis von Wertrelationen. Wenn Sie den Wert dessen kennen, was Sie anbieten, lässt sich das Eröffnungsangebot leicht bestimmen. Sie entscheiden dann nur noch, wie viel Verhandlungsspielraum Sie sich selbst lassen wollen.

Auch wenn Sie nicht vorhaben, ein Eröffnungsangebot auf den Tisch zu legen, sollten Sie es trotzdem ständig vor Augen haben. Dadurch können Sie viel schneller auf jedes beliebige Angebot der anderen Seite reagieren.

Bescheidenheit ist keine Zier ...

Ein Grundstücksmakler, mit dem ich häufig zu tun habe, beginnt eine Verhandlung immer mit Zahlen, die erheblich über den Beträgen liegen, die er erreichen möchte. Ich komme ihm immer gerne entgegen und biete übertrieben geringe Beträge, weil ich weiß, dass er dieses Spielchen liebt.

Ob der in Ihrem Eröffnungsangebot angegebene Betrag über oder unter Ihren Zielen liegt, hängt davon ab, ob Sie als Käufer oder als Verkäufer auftreten (um wie viel höher oder tiefer er liegen muss, lässt sich durch gute Vorbereitung bestimmen):

- ✔ Wenn Sie der Verkäufer sind, darf Ihr Eröffnungsangebot niemals unter Ihrem Zielbetrag liegen.
- ✔ Wenn Sie der Käufer sind, darf Ihr Eröffnungsangebot niemals über dem Zielbetrag liegen.

Die richtigen Fragen stellen 2

In diesem Kapitel

- Die Fähigkeit, gute Fragen zu stellen
- Fallen bei Fragestellungen vermeiden
- Notwendige Informationen erhalten

Das Fragen während einer Verhandlung ist wichtig, denn Fragen öffnen die Tür zur Erkenntnis – die Erkenntnis über den Verhandlungsgegner und die Erkenntnis über die aktuelle Verhandlung. Angemessene Fragen sowie das Wissen, wann diese Fragen gestellt werden können und wann sie *nicht* gestellt werden sollten, sind wichtige Techniken, die Sie beherrschen sollten. Sie werden Sie auf dem Pfad zum Verhandlungserfolg führen.

Kitzeln Sie es heraus: Die Kunst, Informationen zu entlocken

Effektives Zuhören erfordert eine ganze Menge an Sondierungsarbeit. Niemand sagt alles, was Sie hören wollen, in genau der Reihenfolge oder in der gewünschten Ausführlichkeit, die Sie gerne hätten. Meistens müssen Sie nachfragen. Keine Redewendung umschreibt den Vorgang des Ausfragens besser als der Ausdruck *Informationen herauskitzeln*.

Wenn Sie mal Gelegenheit haben, eine Gerichtsverhandlung zu beobachten, beachten Sie den großen Unterschied zwischen einem erfahrenen und einem weniger erfahrenen Anwalt: Er besteht in der Fähigkeit des Ersteren, die richtigen Fragen zur richtigen Zeit zu stellen. Fast ausnahmslos ist die entscheidende Frage nicht eine bombastische Konfrontation, sondern eine einfache und verständliche Frage, die einzig darauf ausgerichtet ist, vom Zeugen spezielle Informationen zu bekommen.

Der Jargon macht die Musik

Es sollte Ihnen niemals peinlich sein, jemanden zu bitten, eine Feststellung noch einmal deutlich zu wiederholen. Viele Menschen reden in einem bestimmten Jargon oder in Abkürzungen, die nur Eingeweihten verständlich sind. Manchmal können Sie einfach nicht sicher sein, ob Sie alles richtig verstanden haben.

Sie können nicht alles wissen!

Als ich mit der Chefin der Marketingabteilung für die *Dummies*-Serie zusammentraf, begann sie, mir etwas über die AMC zu erzählen. Ich fragte sie, was diese Abkürzung bedeuten sollte. Sie erklärte schnell, dass AMC bei ihr für *Advanced Marketing Chapter* (eine Vorschau auf die demnächst erscheinenden Bücher) stand, die schon Monate, bevor das Buch überhaupt druckfertig ist, an die verschiedenen Händler geschickt wird. Die Situation war schnell geklärt, weil die Managerin mich über die Abkürzung aufgeklärt hat. Ich brauchte nur zu fragen.

Die Situation ist vielleicht etwas komplizierter, wenn beide Gesprächspartner aus derselben Branche sind und einer der Partner annimmt, der andere würde die Bedeutung seiner

Worte kennen. Unter diesen Umständen ist es Ihnen vielleicht peinlich, nach der Bedeutung zu fragen, weil Sie denken, Sie *sollten* sie eigentlich kennen. Sie können eine derartige Situation in den Griff bekommen, indem Sie zum Beispiel sagen: »Nur um ganz sicher zu gehen, dass wir hier dasselbe meinen – sagen Sie mir doch bitte, was genau Sie unter XYZ verstehen.« Wenn der Gesprächspartner Ihnen seine Definition gegeben hat, antworten Sie:

- ✔ »Großartig! Dann verstehen wir ja dasselbe darunter.«
- ✔ »Gut, dass ich gefragt habe. Bei uns hat dieser Begriff eine etwas andere Bedeutung. Wir können uns aber auf Ihre Definition einigen.«
- ✔ »Danke! Ich habe gerade etwas dazugelernt.«

Manche Menschen, besonders Ärzte, Anwälte und Steuerberater, verwenden einen Jargon auch bewusst, um die Gegenseite mit ihrem Wissen, ihrer Macht oder ihrer Position zu beeindrucken.

Klarstellende Relativitätstheorie

Genauso wichtig, wie andere um eine Erklärung ihres Fachjargons zu bitten, ist es, sie um eine Definition bestimmter relativer Begriffe zu bitten. *Relative Begriffe* sind nicht spezifische Beschreibungen, die ihre Bedeutung erst in ihrem Verhältnis zu etwas anderem gewinnen.

Gute Fragen sind kraftvolle Werkzeuge

Wenn Sie aufmerksam zuhören, werden Sie eine Entdeckung machen. Manchmal liefert der Befragte nicht sofort die

Informationen, die Sie benötigen. Das wichtigste Werkzeug für einen guten Zuhörer ist eine gute Frage. Fragen sind hervorragende Instrumente, um eine Unterhaltung zu stimulieren, zu steuern und auszuweiten.

Geht es auch genauer?

Hier einige Beispiele für relative Begriffe, die für jede Menge Verwirrung sorgen können. Scheuen Sie sich nie, um eine Klarstellung zu bitten, wenn Ihr Gesprächspartner mit derartigen Begriffen arbeitet:

- ✔ Billig
- ✔ Hohe Qualität
- ✔ Groß
- ✔ Viele
- ✔ Bald

Gute Fragen stellen zu können ist eine Fähigkeit, für die man jahrelange Erfahrung braucht. Vor jeder Frage müssen Sie sich klar werden, welche Informationen Sie benötigen. In der folgenden Aufstellung finden Sie sieben Regeln für bessere Fragen – Fragen, die Ihnen die gewünschten Informationen liefern:

- ✔ **Planen Sie Ihre Fragen im Voraus.** Bereiten Sie vor, wonach Sie fragen wollen. Lernen Sie aber die Frage nicht auswendig, weil dann die Frage künstlich erscheinen würde. Ein gutes Gespräch lässt sich nicht nach einem Drehbuch bestreiten, es sollte immer ganz natürlich ablaufen. Es zahlt sich allerdings aus, zusammenhängende

Fragen zu skizzieren. Das Frage/Antwort-Format soll ein gutes Gespräch immer unterstützen und nicht behindern.

- ✔ **Fragen Sie zu einem bestimmten Zweck.** Jede von Ihnen gestellte Frage sollte eines der folgenden Ziele verfolgen: Sie wollen entweder Tatsachen erfahren oder Meinungen hören. (In Tabelle 2.1 finden Sie Beispiele für diese Ziele.) Werden Sie sich über Ihr Ziel klar, und verfolgen Sie es dann, aber werfen Sie niemals beide Ziele in einen Topf.
- ✔ **Schneiden Sie die Frage auf Ihren Zuhörer zu.** Berücksichtigen Sie bei Ihren Fragen immer den Bezugsrahmen und den Hintergrund des Zuhörers. Ist der Zuhörer Bauer, verwenden Sie Beispiele aus der Landwirtschaft. Ist Ihr Zuhörer Teenager, beziehen Sie auch den Schulalltag, Freunde und andere Jugendthemen in das Gespräch ein. Und denken Sie daran, Wörter und Sätze zu verwenden, die Ihr Zuhörer auch versteht.
- ✔ **Stellen Sie erst eine allgemeine und dann eine Anschlussfrage.** Über die sogenannten *Anschlussfragen* gelangen Sie schnell ans Eingemachte. Der Vorteil dieser Technik liegt darin, dass sie dem Denken der meisten Menschen entspricht. Sie müssen sie also erst behutsam auf den Weg führen und bekommen danach die gewünschten Informationen.
- ✔ **Stellen Sie kurze und deutliche Fragen – und immer nur zu einem Thema.** Stellen Sie einfache Fragen. Fragen sind nur ein Weg, die Leute dahin zu bringen, Ihnen das zu erzählen, was Sie wissen wollen. Kurze Fragen zu

formulieren ist anstrengend, aber die Mühe lohnt sich. Nach kurzer Zeit wird die andere Seite über das Thema berichten, und Sie müssen überhaupt keine Fragen mehr stellen.

- ✔ **Schaffen Sie eine Überleitung zwischen einer Antwort und der nächsten Frage.** Verwenden Sie den Bestandteil einer Antwort als Überleitung zur nächsten Frage. Auch wenn dieses Verfahren Sie kurzzeitig aus der Richtung bringt, werden Sie später reich belohnt, denn mit dieser Fragetechnik beruhigen Sie den Befragten und sorgen dafür, dass er sich wohl fühlt. Das Frage-und-Antwort-Spiel bekommt so den Charakter eines normalen Gesprächs. Aus diesem Grunde rate ich Ihnen auch, Ihre Fragen im Voraus zu planen, aber nicht auswendig zu lernen.
- ✔ **Unterbrechen Sie nicht. Lassen Sie den Befragten in Ruhe antworten!** Sie stellen diese Fragen, um Antworten zu erhalten. Deshalb versteht es sich von selbst, dass Sie mit dem Reden aufhören und genau zuhören müssen.

Mit diesen Fragen wollen Sie Tatsachen erfahren:	Mit diesen Fragen wollen Sie Meinungen hören:
»Wann haben Sie mit der Planung angefangen?«	»Wie gut ist dieser Plan?«
»Wie viele Mitarbeiter bekomme ich dafür?«	»Können wir die Termine einhalten?«
»Welche Maße hat das Haus?«	»Wie finden Sie den Grundriss?«
»Welches Auto war zuerst an der Kreuzung?«	»Wer hat den Unfall verursacht?«

Tabelle 2.1: Eine Gegenüberstellung der Ziele, die mit Fragen verfolgt werden

Lernen durch Fragen

Um von Ihren Erfahrungen profitieren zu können, müssen Sie offen und lernbereit sein, auch bei einer Situation, die manche Leute als Fehlschlag ansehen würden. Eine anscheinend fehlgeschlagene Verhandlung kann sogar zu neuen Chancen führen. Aus diesem Grund halten viele Unternehmen »postmortale« Besprechungen ab, besonders nach einer Verhandlung, die nicht so gut verlief. Benutzen Sie offene Fragen als einen Ausgangspunkt für die nächste Lernphase. Einige dieser Fragen könnten wie folgt lauten:

- Was verlief gut und warum?
- Was verlief weniger gut und warum?
- Was würden Sie nun anders machen?
- Was würden Sie genauso machen?
- Was verlief unerwartet gut und warum?
- Was verlief unerwartet schlecht und warum?
- Welche neuen Grundlagen und Regeln sollten aufgestellt werden?
- Welche zusätzlichen Informationen wären hilfreich gewesen? Wie hätten Sie voraussehen können, was passiert ist?

Sagen Sie es nicht, sondern fragen Sie

Die Art der Fragestellung ist sehr wichtig für die Aufnahme einer effektiven Kommunikation. Effektive Fragen öffnen die Tür zu Wissen und Verständnis. Sie müssen jedoch darauf achten, dass die Fragestellung keine Entwicklung nimmt, bei der Sie dem Gesprächspartner etwas *mitteilen*, anstatt ihn zu *fragen*.

Sie haben wahrscheinlich schon einmal Fragen gehört wie »Ist es nicht so, dass noch keiner so viel für dieses Gerät bezahlt hat?« oder noch besser »Können Sie mir eine Firma nennen, die einen so engen Termin eingehalten hat?«

Hier handelt es sich um Aussagen, die als Fragen getarnt sind. An der Artikulierung, die Ihr Gegenüber bei diesen Fragen verwendet, können Sie die Änderung von einer Frage in eine Aussage erkennen. Die Kunst des Fragens liegt darin, die Informationen wirklich erlangen zu wollen, die in der Antwort enthalten sein würden.

Eine effektive Fragestellung führt zu Folgendem:

- ✔ **Erzielung von Harmonie:** Versuchen Sie nicht, andere mit Ihren Ideen zu beeindrucken; schaffen Sie stattdessen Harmonie und Vertrauen, indem Sie der Gegenseite Ideen entlocken und zum Ausdruck bringen, wie sehr Sie sich für diese Ideen interessieren. Die Schaffung von *Harmonie* ist die Fähigkeit, andere zu verstehen und mit ihnen sowohl mental als auch emotional eine Verbindung aufzubauen. Harmonie bedeutet nicht, dass Sie der Gegenseite zustimmen müssen, sondern dass Sie verstehen, welchen Hintergrund die andere Person hat.
- ✔ **Besseres Zuhören, mehr Verständnis:** Oft hört der Gesprächspartner nicht zu, während Sie sprechen, sondern denkt darüber nach, was er oder sie sagen wird. Wenn

Sie Fragen stellen, beschäftigen Sie Ihr Gegenüber, und er oder sie denkt dann eher darüber nach, was Sie sagen. Sie lenken die andere Person in die Richtung, die Sie für das Gespräch wünschen.

✔ **Höhere Motivation, besseres Folgegespräch:** Die richtige Antwort wird der anderen Person durch Ihre Fragen nicht aufgenötigt. Sie wird von dem Gesprächspartner gefunden und anerkannt, der nun motivierter in das weitere Gespräch gehen wird. Die meisten Menschen stimmen eher dem zu, was sie selbst sagen, als dem, was Sie sagen.

Vermeiden Sie Suggestivfragen

Wenn Sie aussagekräftige Antworten und objektive Informationen wollen, sollten Sie keine Suggestivfragen stellen. *Suggestivfragen* sind Fragen, die die Antwort schon teilweise enthalten. Hier ein typisches Beispiel für eine Suggestivfrage:

Der andere: »Ich habe so ein Auto noch nie gefahren.«

Sie: »Wie gefällt Ihnen das wirklich tolle Kurvenverhalten und die leichtgängige Schaltung dieses Wagens?«

Weil Ihre Frage schon eine begeisterte Kritik des Autos enthält, wird es dem anderen schwerfallen, irgendetwas Negatives über den Wagen zu sagen – auch wenn er ihm überhaupt nicht gefällt. Eine einfache Frage wie beispielsweise »Wie gefällt er Ihnen?« wäre neutral und besser geeignet, um die Wahrheit herauszufinden.

Wenn die andere Person ihre wahre Meinung verschweigt oder sie aufgrund Ihrer Fragestellung nicht äußern kann, sind Sie der Verlierer und haben eine Gelegenheit verpasst, auf ihn einzugehen.

Hier einige weitere Beispiele für Suggestivfragen:

- »Glauben Sie nicht auch, dass dieses oder jenes wahr ist?«
- »Bezahlt man nicht normalerweise zehn Euro für diesen Artikel?«
- »Jeder sagt, dass dieses Gerät das beste ist, oder nicht?«

Formulieren Sie Suggestivfragen um!

Wenn Sie diese Suggestivfragen umformulieren, werden Sie wahrscheinlich genauere Informationen und eine ehrliche Meinung zu hören bekommen. Hier noch einmal die drei Fragen in der direkten Form:

- »Was halten Sie von diesem oder jenem?«
- »Wie viel bezahlt man normalerweise dafür?«
- »Welches Gerät halten Sie für das beste?«

Suggestivfragen bieten nicht gerade die beste Unterstützung, wenn Sie zu einem besseren Zuhörer werden wollen. Mit Suggestivfragen werden Sie auch nicht die bestmöglichen Informationen herausfinden. Als Verkaufsinstrument eingesetzt, können sie allerdings wahre Wunder wirken. In dem Fall *wollen* Sie ja gerade einen potenziellen Käufer dahin führen, einen bestimmten Gegenstand zu den für Sie günstigsten Konditionen zu kaufen. Suggestivfragen können ihn direkt zum Geschäftsabschluss führen.

In diesem Abschnitt wollen wir uns aber mit den Fragen beschäftigen, die Sie stellen müssen, um die Gedanken eines anderen Menschen kennenzulernen, und *nicht* mit Fragen, mit denen Sie sich Ihre eigenen Ansichten und finanziellen Interessen bestätigen lassen.

Nehmen Sie nichts als gegeben hin

Wir alle gehen ständig von irgendwelchen Annahmen aus. Wenn Menschen schamlose oder offensichtliche Annahmen äußern, ziehen sie diese oft ins Lächerliche. Die meisten Leute merken jedoch nicht, wie oft am Tag sie von der Annahme ausgehen, sie würden die Absicht des Gegenübers kennen, ohne sich bei dem betreffenden Menschen über die Richtigkeit ihrer Annahmen informiert zu haben.

Anwälte sagen immer: »Eine Tatsache ist erst dann eine Tatsache, wenn sie bewiesen ist.« Dieses Prinzip gilt auch für eine spezielle Art von Fragen, die in einer Gerichtsverhandlung nicht erlaubt ist. Hier das wohl berühmteste Beispiel für diesen Fragetyp: »Wann haben Sie aufgehört, Ihre Frau zu schlagen?«

In Wahrheit ist diese Frage eine Falle, weil sie impliziert, dass Sie Ihre Frau in der Vergangenheit geschlagen haben. Dieses Beispiel demonstriert, warum derartige Fragen eine gute Unterhaltung unmöglich machen. Die Frage treibt jemanden sofort in die Defensive. Eine Antwort ist unmöglich, weil schon die zugrunde liegende Annahme nicht stimmt. Wenn der Sprecher wirklich die Absicht hätte, die Wahrheit zu ermitteln, wäre er mit den drei folgenden Fragen besser beraten:

- »Haben Sie Ihre Frau jemals geschlagen?«
- (Wenn ja) »Haben Sie aufgehört, Ihre Frau zu schlagen?«
- (Wenn ja) »Wann haben Sie aufgehört, Ihre Frau zu schlagen?«

In der Geschäftswelt werden Suggestivfragen entweder als unethisch abgelehnt oder wenigstens als grober und feindlicher Affront gegen den Befragten betrachtet. Hier ein Beispiel:

> »Warum bleibt Ihre Firma dabei, für diese Dienstleistung zu viel zu verlangen?«

Zerlegen Sie jetzt einmal diese Frage, sodass Sie von keinen Tatsachen ausgeht, die nicht bewiesen sind. Um objektiv an die gewünschten Informationen zu kommen, sind wieder drei Fragen erforderlich. Die Fragen entschärfen auch den feindlichen Unterton.

- »Welchen Preis verlangt Ihre Firma für diesen Gegenstand?«
- »Welchen Preis verlangen andere Firmen für ihn?«
- »Wie, glauben Sie, könnte diese Preisdifferenz begründet sein?«

Bedenken Sie, dass Sie und Ihr Gesprächspartner unterschiedliche Preisinformationen haben könnten. Durch Zerlegung der Suggestivfrage in drei Einzelfragen haben Sie Gelegenheit, den Preisunterschied zu klären, ohne darüber in Streit zu geraten.

Stellen Sie offene Fragen

Anders als Fragen, auf die nur mit Ja oder Nein geantwortet werden kann, erlauben *offene Fragen* dem Befragten zu reden – und Ihnen, viel mehr Informationen zu erhalten. Mit dieser Art von Fragen finden Sie die Meinung eines Gesprächspartners heraus oder sammeln Informationen im Laufe einer Verhandlung.

Je mehr Sie Ihr Gegenüber zum Reden bringen, umso ausführlichere Informationen bekommen Sie. Ja/Nein-Fragen schränken die Antwortmöglichkeiten ein und erzwingen eine Entscheidung. Diese Art von Fragen werden *geschlossene Fragen* genannt.

Hier eine einfache geschlossene Frage, auf die nur ein Ja oder ein Nein möglich ist:

> »Gefällt Ihnen dieses Auto?«

Mit einer offenen Frage hingegen würden Sie den Befragten zum Reden auffordern:

> »Was gefällt Ihnen an diesem Auto am besten?«

Versuchen Sie es mit den klassischen offenen Fragen, wenn Sie Informationen bekommen wollen. Diese Fragen fordern die andere Seite auf, sich zu öffnen und zu erzählen:

- ✔ »Was geschah danach?«
- ✔ »Was für ein Gefühl hatten Sie in dem Moment?«
- ✔ »Erzählen Sie mir davon!«

Auch keine Fragen können Fragen sein

Beachten Sie im letzten Beispiel, dass Sie eine Frage auch in deklarativer Form stellen können (als Aufforderung statt als klassische Frage). Diese Technik kann besonders wirkungsvoll sein, wenn Sie es mit einem eher zurückhaltenden Menschen zu tun haben. Viele Menschen, die auf Fragen nicht antworten, reagieren manchmal auf eine direkte Aufforderung.

Noch einige Fragetypen

Offene Fragen sind nicht die einzigen Fragen, die Sie verwenden können, um andere Personen zum Reden zu bringen. Auch folgende Fragen helfen Ihnen, die nötigen Antworten und Informationen zu erhalten:

- **Erkundungsfragen:** Diese Fragen zielen darauf ab, Informationen über ein bestimmtes Thema zu bekommen. »Können Sie mir erzählen, wie Sie zu der Entscheidung kamen, dieses Produkt auf den Markt zu bringen?«
- **Anschlussfragen:** Diese Fragen werden eingesetzt, um der anderen Person mehr Informationen oder eine Meinung zu entlocken. »Was würde als Nächstes passieren, nachdem Sie dies getan haben?«
- **Feedback-Fragen:** Diese Fragen werden angewendet, um den Unterschied zu finden, der wichtig ist. »Darf ich Ihre Aussage wiederholen, damit ich den Unterschied zwischen Ihrem Vorschlag und meinem Angebot richtig verstehe?«

Fragen Sie noch einmal

Wenn jemand Ihre Frage nicht beantwortet, haben Sie je nach Situation zwei Möglichkeiten:

- ✔ **Unterbrechen Sie alles andere, bis Sie entweder Ihre Antwort oder das deutliche Signal bekommen haben, dass Ihre Frage nicht beantwortet wird.** In diesen Situationen kann Schweigen Gold sein. Den meisten Menschen ist Schweigen unangenehm. Sie fühlen sich dann vielleicht gezwungen, auf Ihre schwierige Frage zu antworten, wenn Sie nach der Frage schweigen. Sie kennen das Spiel: »Wer als Erster spricht, verliert.«
- ✔ **Warten Sie ab und stellen Sie die Frage später noch einmal.** War die Frage beim ersten Mal für Sie wichtig, dann sollte es sich auch lohnen, sie ein zweites Mal zu stellen.

Welche dieser beiden Techniken Sie verwenden, ist von der Situation abhängig. Wenn die Situation nach einer schnellen Entscheidung verlangt und die verlangten Informationen für Ihre Entscheidung wichtig sind, verwenden Sie am besten die erste Technik.

Verwenden Sie die zweite Technik (auf eine spätere Gelegenheit warten), wenn Sie genau wissen, dass Sie Ihre Informationen zwar zurzeit noch nicht benötigen, aber zu einem späteren Zeitpunkt noch bekommen können. Abzuwarten ist immer einfacher und führt zu weniger Kontroversen. Wenn Sie aber eine bestimmte Information sofort benötigen, scheuen Sie sich nicht, sofort zu bremsen: »Einen Moment bitte, ich muss unbedingt wissen, ...«

Warum nicht mal lockerer?

Falls Ihr Gegenspieler eine Frage nicht beantworten will, versuchen Sie es mal mit Humor. Sagen Sie ihm: »Entschuldigung, ich tappe da jetzt völlig im Dunkeln« oder »Da haben Sie mich jetzt aber abgehängt«. Egal, wie ernst der Verhandlungsgegenstand auch sein mag, ein bisschen Humor kann niemals schaden – besonders, wenn Sie sich dabei selbst auf die Schippe nehmen.

Wenn Ihr Gegenüber der Antwort mit einem eigenen Witz ausweicht, müssen Sie unter Umständen wieder ernst werden. Bohren Sie weiter, bis Sie entweder eine Antwort bekommen oder erkennen müssen, dass Sie die Antwort an anderer Stelle suchen müssen. Falls die Gegenseite Ihre Frage nicht beantwortet, sollten Sie sich eine Notiz machen, damit Sie daran denken, sich die gesuchte Information aus anderen Quellen zu besorgen.

Nur nichts übertreiben

Wenn Sie viel Glück haben, beantwortet die Gegenseite all Ihre Fragen, bevor Sie sie überhaupt gestellt haben. Aus diesem Grund sollten Sie Ihre Fragen auch nicht mit der Geschwindigkeit eines Maschinengewehrs abfeuern. Haben Sie Geduld. Stellen Sie nur wirklich wichtige Fragen. Sie können in jeder Besprechung nur eine begrenzte Anzahl an Fragen stellen. Verschwenden Sie sie also nicht wahllos.

Jedes Kind lernt bei langen Reisen sehr schnell, wie sinnlos die Frage »Sind wir gleich da?« ist. Am Verhandlungstisch kommen Sie unter Umständen niemals ans Ziel, wenn Sie mit

Ihren Fragen eine bestimmte Grenze überschreiten. Die Konsequenzen: Ihre Zuhörer reagieren übersensibel auf Ihre bohrenden Fragen, entwickeln eine Abwehrhaltung und weigern sich schließlich ganz zu antworten. Hat jemand erst einmal sein Visier heruntergelassen, wird er auch auf anderen Gebieten Widerstand leisten und deshalb generell abgeneigt sein, Ihre Position zu verstehen.

Akzeptieren Sie keine Ausflüchte

Stellen Sie sich folgende Situation vor: Sie hören aufmerksam zu. Sie stellen alle richtigen Fragen zur richtigen Zeit. Sie sind geduldig. Warum bekommen Sie trotzdem nicht die benötigten Informationen? Folgende Möglichkeiten stehen zur Auswahl:

- ✔ **Ihr Gesprächspartner versteht Ihre Fragen einfach nicht.** Sie sollten dann versuchen, Ihre Fragen umzuformulieren.
- ✔ **Ihr Gesprächspartner will Ihre Fragen einfach nicht beantworten.** Vielleicht ist er an firmeninterne Regeln gebunden, die ihm die Preisgabe von Informationen nicht erlauben. Vielleicht ist dem betreffenden Menschen aber auch die Diskussion bestimmter Themen unangenehm. Falls Sie glauben, dass diese Möglichkeit zutrifft, machen Sie eine Notiz, und besorgen Sie sich die Information woanders.
- ✔ **Ihr Gesprächspartner ist einfach nicht so gut im Beantworten von Fragen.** Er hält seine Antworten nicht absichtlich oder gar mit Berechnung zurück. Vielleicht sind es auch schlechte Manieren, Schlampigkeit oder Faulheit, die diesen Menschen daran hindern, Ihre Fragen zu beantworten. Fragen Sie hartnäckig weiter.

- **Ihr Gesprächspartner weiß die Antwort nicht, und es ist ihm unangenehm, dies zuzugeben.** Wenn Sie dies vermuten, fragen Sie Ihren Gesprächspartner, ob er Zeit braucht, um die Antwort herauszufinden.
- **Ihr Gesprächspartner ist ein pathologischer Lügner.** In diesem Fall sollten Sie das Gespräch sofort abbrechen. Verhandeln Sie niemals mit einem Lügner – Sie können nicht gewinnen.

In allen fünf Fällen ist das Ergebnis dasselbe. Sie erhalten einfach keine wertvollen Informationen. Wenden Sie die vorgeschlagenen Möglichkeiten an, um die benötigte Information zu bekommen. Geben Sie nicht auf.

Dulden Sie keine Ausweichmanöver

Politiker scheinen darauf trainiert zu sein, eine Frage niemals direkt zu beantworten. Es erscheint fast so, als gäbe es eine geheime Hochschule für Politiker, an der sie alles über kunstvolle Ausweichmanöver lernen. Wenn ein Politiker zum Beispiel über die Ausbildungssituation im Lande gefragt wird, kann es passieren, dass der Volksvertreter einen ausgedehnten Vortrag über Familienwerte hält. Es ist seltsam, wie viele Interviewer die Politiker mit derartigen Ausweichmanövern davonkommen lassen.

Wenn Sie eine Frage stellen, sollten Sie ein Ausweichmanöver nicht hinnehmen. Erkennen Sie diese Taktik als das, was sie ist, und wiederholen Sie Ihre Frage. Bestehen Sie beim zweiten Versuch auf einer richtigen Antwort oder verlangen Sie einen Zeitpunkt, zu dem Sie eine Antwort erwarten können.

Wenn Leute behaupten, sie müssten sich noch informieren und würden später wieder auf Sie zukommen, bleibt Ihnen eigentlich nichts anderes übrig, als zu warten – wenn Sie nicht offen deren Ehrlichkeit in Zweifel ziehen wollen. Sie *können* sie jedoch auf ein bestimmtes Datum und eine bestimmte Zeit festnageln, zu der sie »auf Sie zukommen«. Fragen Sie: »Wann kann ich eine Antwort von Ihnen erwarten?« Das ist der direkte Weg, diese Information zu bekommen.

Überzeugen Sie sich davon, dass man Ihnen zuhört

Achten Sie während einer Verhandlung auf die gelegentlichen Anzeichen, dass die andere Seite Ihnen nicht richtig zuhört. Falls Ihr Gegenspieler mit Bemerkungen wie »Hmmm, aha!« oder »Das ist ja interessant« antwortet, sollten Sie sofort herausfinden, ob diese Antwort ein Zeichen für aufrichtiges Interesse ist, ob sie die Diskussion hinauszögern soll oder – ebenso tödlich für eine Verhandlung – ein Anzeichen dafür ist, dass Ihr Gegenüber mit dem Schlaf kämpft. Dieser Kampf führt besonders in den Nachmittagsstunden zu den seltsamsten Äußerungen.

Wenn Sie den Verdacht haben, dass Letzteres der Fall ist, stellen Sie einige Fragen, um die Wahrheit herauszukitzeln. Fragen Sie Ihren Gesprächspartner: »Was heißt ›hmmmm‹? ›Ja, ich stimme zu‹ oder ›Ja, ich habe gehört‹?« oder »Was heißt ›interessant‹?« So können Sie das nichts sagende »Hmmm« konkretisieren. Diese Lösung ist besser, als das Gespräch direkt am Verhandlungstisch einschlafen zu lassen.

Vorsicht vor zu vielen Pronomen

Hüten Sie sich vor den tödlichen Pronomen *er, sie* und *man* – besonders vor dem berüchtigten *man* und vor dem *wir*. Pronomen können Sie in einen gefährlichen Sumpf von Missverständnissen ziehen. Es scheint, dass ich fast täglich zu jemandem sagen muss: »Vorsicht, zu viele Pronomen!« Wenn Sie in einer Verhandlung sind, zwingen Sie Ihr Gegenüber, Substantive beziehungsweise Eigennamen zu verwenden. Mit dieser Vorsichtsmaßnahme können Sie sehr viele Missverständnisse vermeiden.

Bei Pronomen muss man immer raten, welchen »man« oder welche »wir« der Sprecher meint. Raten Sie nicht. Wehren Sie ab und sagen Sie mit Humor: »Zu viele Pronomen!« Meistens wird diese Frage mit einem Lacher honoriert. Jeder weiß, wie viel Verwirrung durch das »man« entstehen kann, und jeder schätzt die Bemühungen um Klarheit.

Teil II

Beobachten Sie die Körpersprache

»Hier bei Don's Wrestling Academy wird ein Geschäft folgendermaßen besiegelt: Wir schauen uns fest in die Augen, reichen uns die Hände und machen einen Step-over Toehold Facelock.«

In diesem Teil …

Eine Geste sagt mehr als tausend Worte. Dieser Spruch gilt auch und besonders während einer Verhandlung. Mit einiger Kenntnis der Körpersprache wissen Sie immer, was Ihr Gegenüber gerade denkt und fühlt. Lernen Sie die stillen Worte Ihres Verhandlungspartners lesen und setzen Sie einfache Mittel der Körpersprache ein, um selbst Offenheit und Selbstvertrauen auszustrahlen.

Was der Körper alles sagen kann 3

In diesem Kapitel

- ✔ Stille Signale des Körpers verstehen
- ✔ Widerstand, Langeweile und Nervosität erkennen

Wir alle erkennen Emotionen wie Furcht, Trauer, Glück, Liebe und Hass in der nonverbalen Kommunikation anderer Menschen. Worte sind für den Ausdruck dieser Gefühle oft überflüssig. Menschen senden auch ohne Worte subtile Nachrichten. Untersuchungen haben ergeben, dass bis zu 65 Prozent unserer Kommunikation nonverbal abläuft. (Mehr über Körpersprache erfahren Sie in *Körpersprache für Dummies*, erschienen bei Wiley-VCH.)

Die Weiterentwicklung Ihrer Fähigkeit zum Einsatz und Verständnis der Körpersprache ist eine der vergnüglichsten Methoden, Ihr Verhandlungsgeschick zu verbessern.

Sie können Signale, die durch Körpersprache vermittelt werden, bewusster in Ihren Verhandlungen einsetzen, um sowohl Nachrichten zu senden als auch die stumme Kommunikation der Gegenseite zu verstehen. Sie werden Widerstand, Langeweile oder Nervosität erkennen können – Emotionen, die eine Verhandlung behindern können.

Jeder ist zweisprachig

Mit *Körpersprache* werden alle Kommunikationsformen bezeichnet, die *ohne* Sprache oder Schreiben auskommen. Die Fähigkeit zur nonverbalen Kommunikation ist uns angeboren.

Während der ersten paar Lebensmonate kommunizieren wir alle noch ohne Worte.

Vier Regionen des Körpers stehen zur Sendung und zum Empfang der Körpersprache zur Verfügung. In der Reihenfolge der Ausdrucksstärke und der Zuverlässigkeit der Botschaft sind dies:

- Gesichtsausdruck und Augen
- Arme und Hände
- Beine und Füße
- Körperhaltung

Es steht Ihnen ins Gesicht geschrieben

Die meisten nonverbalen Hinweise bietet das Gesicht. Da Menschen bei der Kommunikation in erster Linie ins Gesicht ihres Gegenübers schauen, hat sich die Interpretation der Hinweise aus dem Gesicht am besten entwickelt.

Professionelle Kartenspieler haben ihr Gesicht immer unter Kontrolle. Der Ausdruck *Pokerface* beschreibt die Fähigkeit, Emotionen hinter einer ausdruckslosen Maske zu verstecken. Interessanterweise haben Fotostudien gezeigt, dass aber auch die ausgebufftesten Kartenhaie die Vergrößerung ihrer Pupillen nicht verhindern können, sobald sie ein gutes Blatt aufdecken.

Stille Signale vom Rest Ihres Körpers

Als Grundregel für Arme, Hände, Beine und Füße gilt, dass eine geschlossene Position (verschränkte Arme und Beine) Ablehnung bedeutet, offene Positionen hingegen Aufnahmebereitschaft signalisieren.

Die Haltung des Oberkörpers ist schwer zu interpretieren, da sie meist von den individuellen Haltungs- und Sitzgewohnheiten der Person abhängig ist. Leider kann man bei einer Besprechung nicht immer den ganzen Körper einer Person beobachten. Trotzdem ist der Körper eine wichtige Interpretationsquelle für einen geübten Beobachter.

Werden Sie zum Beobachter

Wenn Sie das nächste Mal auf einem Flughafen oder an einer Bushaltestelle warten müssen, beobachten Sie einmal Leute, die gerade telefonieren. Studieren Sie die Körpersprache der Leute und versuchen Sie sich vorzustellen, wer am anderen Ende der Leitung sein könnte. Beachten Sie die Körperhaltung.

Presst eine Person den Hörer liebevoll ans Ohr, mit schief gelegtem Kopf und träger Körperhaltung, handelt es sich wohl um ein Gespräch zwischen Verliebten. Tritt hingegen der Anrufer von einem Fuß auf den anderen und schaut sich permanent um, findet wahrscheinlich gerade ein unangenehmes persönliches Gespräch statt. Steht der Anrufer stramm aufrecht und schaut auf seine Notizen oder in voller Konzentration nach vorn, handelt es sich höchstwahrscheinlich um ein geschäftliches Gespräch.

Denken Sie daran zuzuhören

Vergessen Sie nicht, dass die Körpersprache kein Ersatz für andere Formen von Kommunikation ist. Bewerten Sie die verbale und nonverbale Kommunikation immer im Zusammenhang mit einer bestimmten Situation.

Wenn Sie sich das nächste Mal einen Film anschauen, achten Sie einmal besonders auf die Schauspieler, wenn sie gerade nicht reden. Was drücken sie mit ihrer Körperhaltung aus? Je besser der Schauspieler, desto besser kann er sich auch ohne Worte ausdrücken. In Filmen, besonders bei den Szenen ohne Dialog, können Sie in puncto Körpersprache sehr viel lernen.

Mit ganzem Körpereinsatz

Die gesprochene und geschriebene Kommunikation sind nicht die einzigen Kommunikationselemente in einer Verhandlung – oder im Leben überhaupt. Gute Verhandlungsführer machen sich ein Bild von dem Menschen, indem sie darauf achten, wie er steht oder sitzt, wie er angezogen ist oder wie das Mienenspiel sich während der Unterhaltung ändert. Deshalb betone ich in meinen Seminaren immer: »Hören Sie mit den Ohren, den Augen und allem, was dazwischen liegt.«

Unterschiede in der nonverbalen Kommunikation sind mit unterschiedlichen Verhaltensmustern verknüpft. Wenn Sie diese Beziehungen begreifen, können Sie große Vorteile erzielen. Bei jeder Verhandlung haben Sie zwei unterschiedliche Aufgaben:

- ✔ Achten Sie darauf, dass *Ihr* Körper nur die Signale aussendet, die er aussenden soll. Dabei sollten Ihre Worte mit Ihrer Körpersprache in Einklang stehen.
- ✔ Lesen Sie die nonverbalen Signale Ihres Gegenübers. Sie müssen darauf achten, ob die Worte und Körpersignale Ihres Gegenübers übereinstimmen und ob bestimmte Gesten das Gesagte noch betonen.

Die Waffen der Charmeure

Charmeure sind nicht unbedingt die attraktivsten Menschen im Raum; es sind diejenigen, die ihre Körpersprache beherrschen. Wenn sich eine solche Person auf Sie konzentriert, wissen Sie definitiv, dass diese Person Interesse hat; ihre Aufmerksamkeit kann Sie fast zum Erröten bringen. Die Person sendet Dutzende nonverbaler Signale aus, um ihre Konzentration auf Sie mitzuteilen.

Das Lesen der Körpersprache einer anderen Person ist kein Trick, um sich einen Vorteil zu verschaffen. Es ist ein Werkzeug zur Verbesserung der Kommunikation. Wenn Sie einen Widerspruch zwischen den Botschaften des Körpers und dem gesprochenen Wort einer Person feststellen, können Sie davon ausgehen, dass etwas nicht stimmt. Am besten überzeugen Sie sich sofort und fragen den Menschen direkt, was er denkt und fühlt. Meist handelt es sich dabei um Folgendes:

- ✔ Der Mensch weiß nicht, wie er oder sie auf andere wirkt.
- ✔ Dieser Mensch kocht sein verstecktes, eigenes Süppchen.
- ✔ Der Mensch ist müde oder verwirrt.

Das nervöse Lachen

Eines der bekanntesten Beispiele für Körpersprache, die nicht zur Situation passt, ist das *nervöse Lachen*. Dabei handelt es sich um ein Lachen, das nichts mit Humor zu tun hat, sondern mit Nervosität oder Unbehagen.

Wenn Sie ein solches Lachen hören, warten Sie einen Moment ab, wenden sich dann direkt der Quelle dieses Lachens zu und fordern Sie diesen Menschen auf, über seine Gefühle zu sprechen. Abhängig von der Situation könnten Sie sagen: »Herr Meyer, was halten Sie von dieser Preisstruktur?« oder »Herr Meyer, was halten Sie davon, wenn wir Herrn Schmidt in dieses Team aufnehmen?« Meist wird die angesprochene Person seine Bedenken nicht zugeben. Aber Sie wissen es besser. Bohren Sie weiter. Wahrscheinlich müssen Sie den Punkt ein paar Mal ansprechen und Ihre Frage anders formulieren, bevor die Wahrheit ans Tageslicht kommt.

Positive Worte bei negativer Körpersprache

Arbeitnehmer beklagen sich häufig darüber, dass ihre Vorgesetzten unklare Botschaften mit ihrer Körpersprache ausdrücken. Das Gesagte klingt zwar positiv, aber die Körpersprache drückt Negatives aus.

Blind Spots

Wenn Sie von jemandem widersprüchliche verbale und nonverbale Botschaften erhalten und dieser Jemand die Existenz dieser Diskrepanz abstreitet, sind Sie Zeuge eines sogenannten *Blind Spot* geworden, – Sie haben etwas erfahren, was dem betreffenden Menschen nicht bewusst ist. Solche Blind Spots verursachen Missverständnisse und Verstimmungen.

Die Wahrheit herauskitzeln

Stellen Sie sich folgende Situation vor: Ihre Chefin ruft Sie zu einer Besprechung. Nach einer kurzen Begrüßung beginnt sie das Gespräch sofort mit der Bemerkung, dass Ihre Leistungen sich in puncto Pünktlichkeit verbessert hätten. Dabei sind aber ihre Arme über der Brust verschränkt, und der Kopf ist zur Seite geneigt. Sie wissen, dass dies negative Signale sind. Wenn Sie den Mut haben, können Sie sagen: »Es kommt mir so vor, als würde Sie irgendetwas stören.« Ihre Chefin kann nun entweder offen sein für Ihre Äußerung oder aber sie schlägt mit der Faust auf den Tisch und bestreitet ihre wahren Gedanken mit einer scharfen Antwort: »Wie kommen Sie darauf, dass mich etwas stört?«

Sollten Sie in einer Verhandlung den Verdacht haben, dass die andere Partei einen Blind Spot hat, sollten Sie häufiger mal nachhaken. Prüfen Sie, wie sich Ihr Verständnis des Gesagten mit der Körpersprache Ihres Gegenübers in Einklang bringen lässt. Sie können sogar offen äußern: »Ich muss da mal kurz nachhaken.« Machen Sie dann gleich den nächsten Schritt: »Ich fürchte, ich habe Sie da nicht verstanden« oder »Ich denke, wir sollten mal eine Pause machen.«

Wenn Sie für Ihre Bedürfnisse Verantwortung übernehmen, wird sich Ihr Gegenüber wahrscheinlich nicht widersetzen und Sie bekommen sehr viel wahrscheinlicher eine ehrliche Antwort. Mit dieser Technik kommen Sie möglicherweise an die wahren Gefühle Ihres Gegenspielers heran. Manchmal werden Sie dabei sogar ein paar versteckte Interessen aufdecken.

Die meisten Menschen besitzen mindestens einen Blind Spot: einen Bereich, in dem sie nicht wissen, wie ihre Worte oder Handlungen auf andere Menschen wirken. Blind Spots sind wie schlechter Atem – jeder nimmt ihn wahr, nur nicht die Person, die ihn verbreitet. Am besten entdecken Sie Ihren eigenen Blind Spot, wenn Sie Ihren Gesprächspartner zu einem offenen Feedback auffordern.

Wenn Sie sich mit dem Blind Spot eines anderen Menschen auseinandersetzen müssen, fragen Sie ihn, ob er ein offenes Feedback wünscht. Lehnt diese Person ab, sollten Sie das akzeptieren. Sie werden möglicherweise einen anderen Menschen finden müssen, der sich mit dieser Frage beschäftigen kann – vielleicht einen Vorgesetzten, dem der andere zuhören *muss*.

Die Körpersprache als Verstärker

Hauen Sie auf den Tisch. Wedeln Sie mit den Armen. Springen Sie auf und nieder. Das sind ein paar klassische Methoden, wie der Körper die Kommunikation unterstützen und verstärken kann. Es ist das Äquivalent zum Schreiben in Großbuchstaben und roter Schrift. Heben Sie sich diese Demonstrationen aber für den geeigneten Moment auf.

Wenn Sie während der ganzen Verhandlung laut sprechen, wird eine erhobene Stimme im entscheidenden Moment nichts mehr nützen. Sie wirken dann nur noch aggressiv.

Körpersprache bewusst einsetzen

4

In diesem Kapitel

- ✔ Körpersprache effizient einsetzen
- ✔ Offenheit, Interesse und Vertrauen zeigen

Von dem Zeitpunkt an, zu dem Sie einen Verhandlungsraum betreten, sollten Sie die Körpersprache aller Anwesenden studieren. Beobachten Sie auch während der Verhandlung die Körpersprache Ihres Verhandlungspartners. Achten Sie auf die vier Hauptregionen: Gesicht und Kopf, Arme und Hände, Beine und Füße sowie den Oberkörper.

Eine Änderung der Körpersprache während einer Verhandlung kann mehr aussagen als isolierte Signale. Abrupte Veränderungen können darauf hinweisen, dass ein bestimmter Punkt der Verhandlung für die andere Seite sehr wichtig ist und sie möglicherweise belastet. Abrupte Änderungen dieser Haltung bedeuten, dass sich die Ansichten dieser Person irgendwie geändert haben. Dies wahrzunehmen, kann insbesondere dann wichtig sein, wenn Ihr Gegenüber

- ✔ bemerkt, dass Sie über einen sensiblen Punkt sprechen,
- ✔ das Interesse verliert,
- ✔ eine Pause braucht,
- ✔ Ihren Argumenten nicht mehr folgen will.

Achten Sie auf die Körpersprache! Sie kann wie eine Verkehrsampel sein. Eine Änderung der Körpersprache kann Gelb bedeuten und Ihnen sagen, Sie sollen langsam vorangehen, sich umschauen und zuhören. Im Extremfall werden Sie von Rot gestoppt! Halten Sie dann auch sofort an! Machen Sie erst nach einer Pause weiter. Eine Änderung der Körperhaltung kann aber auch Grün bedeuten, und Sie können auf den Abschluss zusteuern.

Ignorieren Sie nonverbale Signale nicht. Sie sollten außerdem Ihre Beobachtungen über die Körpersprache Ihres Gegenübers ebenso notieren wie dessen verbale Äußerungen. Diese Aufzeichnungen machen Sie mit dem unausgesprochenen Vokabular Ihres Geschäftspartners vertraut. Jeder benutzt Körpersprache anders.

Der richtige Standpunkt

Die wichtigste Einzelbeobachtung, die Sie in einem vollen Raum machen können, ist das Distanzverhalten einer jeden Person. Während einer Unterhaltung wird keiner die kritische Distanz zu einem Gesprächspartner überschreiten, von dem er annimmt, dass er einen höheren Status (was Wohlstand, Einfluss, Macht oder sozialen Rang angeht) einnimmt als er selbst. Einflussreicheren Personen wird mehr persönliche Distanz eingeräumt als anderen Personen im Raum.

Räumliche Beziehungen kommen ins Spiel, wenn Sie einen Raum für eine Besprechung vorbereiten. Fast intuitiv weiß man, dass für eine wichtige Verhandlung ein Tisch gebraucht wird, der groß genug ist, um die formelle Distanz zwischen den einzelnen Teilnehmern aufrechtzuerhalten. Wenn jemand die Besprechung leiten muss, wird dieser Mensch an der Kopfseite platziert. Das Recht auf den Chefsessel ist das offensichtlichste Signum der Macht.

Die Sitzordnung während eines Treffens ist außerordentlich wichtig, weil die einmal festgelegten räumlichen Beziehungen nicht mehr so leicht zu ändern sind. Bei der Vorbereitung Ihrer nächsten Besprechung sollten Sie sich die Zeit nehmen, darüber nachzudenken, welche Beziehungen Sie zu den übrigen Teilnehmern aufbauen wollen. Legen Sie dann die Sitzordnung entsprechend fest.

Der erste Kontakt

Am besten können Sie ein Meeting mit dem Einsatz einer guten Körpersprache beginnen. Zeigen Sie Ihre Energie und Ihren Enthusiasmus. Strecken Sie Ihre Hand aus. Schauen Sie den anderen in die Augen und geben Sie einen festen Händedruck.

Drücken Sie, aber quetschen Sie die Hand des Gegenübers nicht. Ein kurzer Druck mit einem Blick in die Augen reicht schon aus. Mit einem etwas längeren Händedruck können Sie Enthusiasmus signalisieren. Aber übertreiben Sie es nicht – ein zu langer Händedruck könnte Ihrem Gegenüber unangenehm sein.

Wenn Sie sorgfältiger auf die Körpersprache und auf die Beziehungen zwischen Menschen achten, werden Sie feststellen, dass die Distanz zwischen zwei Personen eine Menge über deren Beziehung aussagt.

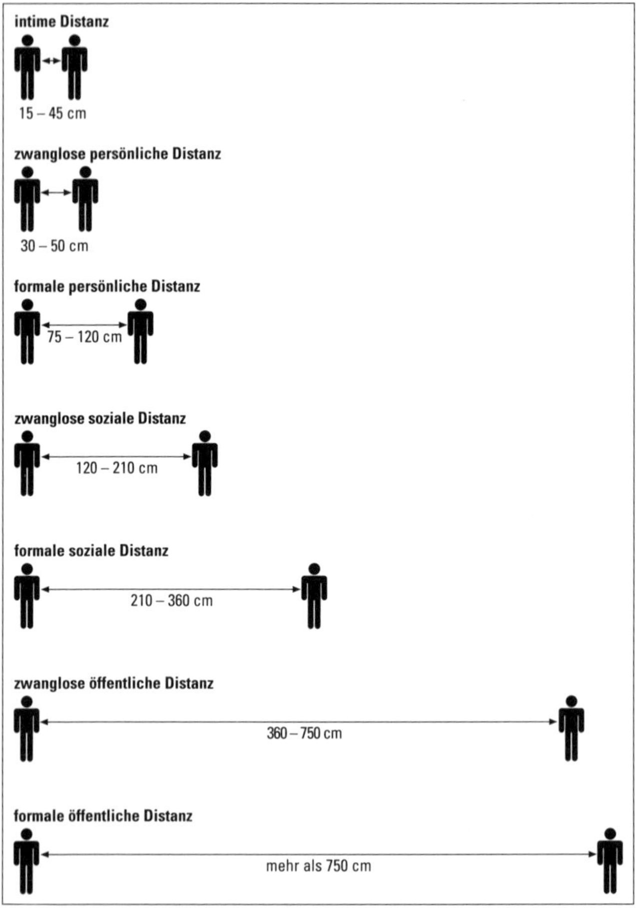

Abbildung 4.1: Die persönliche Distanz zwischen Personen in formellen und zwanglosen Situationen

Wie Sie in Abbildung 4.1 sehen können, stehen Freunde vielleicht 35 Zentimeter voneinander entfernt, doch Sie würden nicht so nahe an jemanden herantreten, dem Sie zum ersten Mal vorgestellt werden.

Die intime Distanz beträgt 15–45 cm, die zwanglose persönliche Distanz 30–50 cm, die formale persönliche Distanz 75–120 cm, die zwanglose soziale Distanz 120–210 cm, die formale soziale Distanz 210–360 cm, die zwanglose öffentliche Distanz 360–750 cm und die formale öffentliche Distanz mehr als 750 cm.

So zeigen Sie Ihre Aufnahmebereitschaft

Wenn Sie während einer Verhandlung die Körpersprache Ihres Gegenübers beobachten, können Sie sehr schnell erkennen, wie *aufnahmebereit* Ihr Gegenüber ist.

Achten Sie auf den Blickkontakt. Untersuchungen haben ergeben, dass Gesprächspartner sich zwischen 30 und 60 Prozent der Gesprächszeit gegenseitig anschauen. Ein Zuhörer, der weniger als 30 Prozent der Gesprächszeit Blickkontakt zu Ihnen hält, ist wahrscheinlich nicht aufnahmebereit. Liegt die Quote bei über 60 Prozent, steht Ihr Gesprächspartner Ihnen wahrscheinlich sehr positiv gegenüber.

Tabelle 4.1 zeigt die positiven und negativen Zeichen, die für oder gegen Aufnahmebereitschaft sprechen. Möchten Sie bereit und aufmerksam wirken oder möchten Sie diese Eigenschaften bei Ihrem Gesprächspartner erkennen, schauen Sie auf die positiven Zeichen. Wahrscheinlich möchten Sie nie unaufmerksam wirken. Sie sollten aber immer sofort bemerken, wenn andere es sind. Daher sollten Sie sich auch mit den negativen Zeichen in Tabelle 4.1 vertraut machen.

Körperregion	**Aufmerksamkeit (Positive Zeichen)**	**Unaufmerksamkeit (Negative Zeichen)**
Gesichtsausdruck und Augen	Lächeln, häufiger Blickkontakt, mehr an der Person als am Gesagten interessiert	Kein Blickkontakt oder schmale Augen, Kiefermuskeln angespannt, Wangen zucken angespannt, Kopf ist leicht zur Seite geneigt, so dass der Blickkontakt zu einem Blick aus den Augenwinkeln wird
Arme und Hände	Arme gespreizt, Hände offen auf dem Tisch, entspannt auf dem Schoß oder auf der Stuhllehne	Hände verkrampft, Arme über der Brust verschränkt, Hand über dem Mund oder die Hände im Nacken (eventuell reibend)
Beine und Füße	Sitzend: Beine zusammen oder ein Bein leicht vor dem anderen (wie beim Start zu einem Wettlauf). Stehend: Körpergewicht gleich verteilt, Hände in den Hüften, Körper leicht dem Sprecher zugewandt.	Sitzend: Übereinandergeschlagene Beine, die vom Redner wegzeigen. Sitzend oder stehend: Beine und Füße zeigen zum Ausgang
Oberkörper	Auf der Stuhlkante sitzend, Jackett geöffnet, Körper dem Sprecher zugewandt	Steife Sitzhaltung, im Stuhl zurückgelehnt, Jacke geschlossen

Tabelle 4.1: Die Körpersprache aufmerksamer und unaufmerksamer Zuhörer

Aufmerksame Menschen zeigen ihre Offenheit für eine Diskussion zum Beispiel durch offene Hände, wobei die Handflächen nach oben zeigen. Je mehr von den Handflächen sichtbar ist, umso größer ist die Aufmerksamkeit.

Aufmerksame Menschen beugen sich im Stehen und Sitzen vor. Sie öffnen ihr Jackett, um die Botschaft ihrer Körpersprache zu verstärken: »Hier steht ein offener und ehrlicher Mensch bereit zum Zuhören.«

Im Gegensatz hierzu lassen Menschen, die nicht zuhören wollen, ihre Hände an den Hüften, lehnen sich im Stuhl zurück oder verschränken schützend ihre Arme über der Brust. Sie ballen die Hände zu Fäusten oder umfassen verkrampft ein anderes Körperteil. Ein Bein über einer Stuhllehne erscheint manchem als offene Pose. Aber Vorsicht, diese Pose kann Rücksichtslosigkeit signalisieren, besonders wenn diese Person dies nicht in ihrem eigenen Büro demonstriert. Abbildung 4.2 zeigt die typischen Körpersignale eines aufmerksamen und eines unaufmerksamen Menschen.

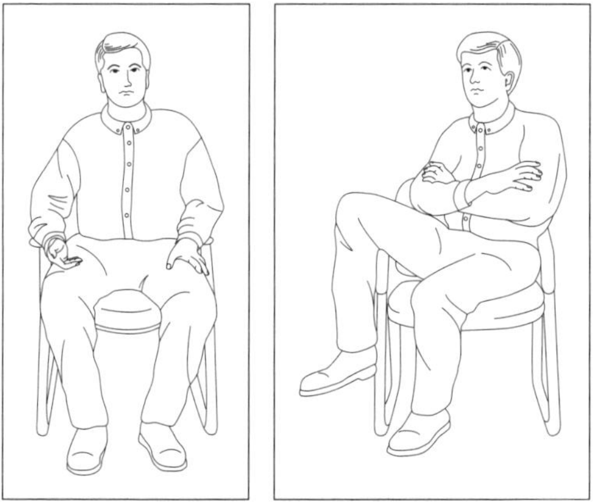

Abbildung 4.2: Mit welchem Menschen würden Sie lieber verhandeln?

Wie Untersuchungen gezeigt haben, kommen die Parteien leichter zu einem Verhandlungsergebnis, wenn ihre Körpersprache gleich von Beginn der Verhandlung an Aufmerksamkeit signalisiert (Abbildung 4.2, linke Seite).

Schauen Sie Ihrem Gegenüber ins Herz

Die Beobachtung, wie jemand sitzt oder steht (siehe Tabelle 4.1 oder Abbildung 4.2), ist nur der erste Schritt zur Interpretation der Körpersprache – aber niemand sitzt die ganze Zeit still und stumm wie eine Statue. Die Menschen bewegen sich, ihre Positionen und Gesten ändern sich mit ihren Einstellungen und Emotionen. Beachten Sie diese Änderungen. Sie sind wichtig.

Wenn jemand Ihre Ideen mit wachsender Aufmerksamkeit verfolgt, können Sie dies an folgenden Anzeichen feststellen:

- ✔ Er oder sie hebt den Kopf leicht an.
- ✔ Er oder sie kneift die Augen leicht zusammen.
- ✔ Er oder sie stellt die Beine nebeneinander.
- ✔ Er oder sie beugt sich vor.
- ✔ Er oder sie rutscht auf dem Stuhl nach vorne.
- ✔ Er oder sie schaut Sie häufiger an.
- ✔ Er oder sie berührt Stirn oder Kinn.

Abbildung 4.3 zeigt eine aufmerksame Zuhörerin, die für die Meinung der Gegenseite in einer Verhandlung aufnahmebereit ist.

Abbildung 4.3: Diese Frau interessiert, was ihr Gegenüber sagt.

Ebenso wie Sie die wachsende Akzeptanz für Ihre Ideen an der Körpersprache des Gegenübers erkennen können, ist es Ihnen auch möglich, Zeichen für wachsenden Widerstand zu bemerken. Hier einige Gesten des Widerstands:

- ✔ Der Gegenspieler rutscht nervös hin und her. (Er kann nicht ruhig akzeptieren, was gesagt wurde.)
- ✔ Die Blickkontakte werden weniger. (Der Gesprächspartner kann nicht ruhig akzeptieren, was gesagt wurde.)
- ✔ Der Gesprächspartner hält die Hände hinter dem Rücken. (Versuch der Selbstkontrolle – er will verbale oder physische Äußerungen unterdrücken.)
- ✔ Der Gesprächspartner legt die Hand über den Mund. (Er versucht, negative Kommentare zurückzuhalten.)

- Er verschränkt die Füße.
- Der Gesprächspartner umklammert seinen Arm oder sein Handgelenk.
- Der Gesprächspartner verschränkt die Arme vor der Brust.
- Der Gesprächspartner verdreht die Augen.
- Der Gesprächspartner ballt seine Hände zu Fäusten.
- Der Gesprächspartner dreht seine Füße oder seinen Körper in Richtung Ausgang.

Wenn sich Langeweile breitmacht

Eine der wichtigsten Botschaften der Körpersprache, auf die Sie während einer Unterhaltung, aber vor allem während einer Verhandlung achten sollten, sind Zeichen von Langeweile. Aus dem Fenster schauen, den Kopf aufstützen, völlig versunken auf dem Papier herumkritzeln, mit den Fingern auf dem Tisch trommeln – all dies sind Zeichen dafür, dass Ihnen Ihr Gegenüber keine Aufmerksamkeit mehr widmet.

Zeigen Sie Ihr Selbstvertrauen

Es ist wichtig, während einer Verhandlung Selbstvertrauen auszustrahlen. Fehlendes Selbstvertrauen führt zu Nervosität. Weist Ihre Körpersprache auf Nervosität hin, könnte Ihr Verhandlungsgegner vermuten, dass Sie nicht sicher genug sind, eine starke Position in der Verhandlung einzunehmen. Ihr Gegenüber wird dann wahrscheinlich nicht so schnell einem Kompromiss zustimmen.

Was sollten Sie gegen Langeweile tun?

Menschen, die langsam das Interesse an der Diskussion verlieren, rutschen auf ihren Stühlen herum, trommeln mit den Fingern auf dem Tisch oder richten ihre Füße in Richtung Ausgang. Lassen Sie sich nicht dazu verleiten, lauter oder schneller zu sprechen. Sagen Sie stattdessen: »Ich möchte mich mal kurz vergewissern. Ich glaube, was ich sage, interessiert Sie gar nicht. Was ist los?« Dann hören Sie zu. Unter Umständen bekommen Sie dabei heraus, was die Gruppe davon abhält, Ihre Vorschläge zu akzeptieren. Eine kurze Überprüfung kann viel Zeit sparen und Ihnen Respekt einbringen, da Sie bereit sind, zuzuhören und auch vor der Wahrheit keine Angst haben.

Achten Sie darauf, mit Ihrem Körper Selbstvertrauen auszustrahlen. Wenn Sie darüber hinaus auch das Selbstbewusstsein Ihres Gegenübers einschätzen können, haben Sie einen weiteren Punkt gewonnen.

Ihre Kenntnis der Stärke des Gegenübers hilft Ihnen, die eigenen Ziele, Grenzen, Eröffnungsangebote und auch den Moment festzulegen, in dem das Geschäft abgeschlossen werden sollte. Durch Beobachtung der Körpersprache können Sie einschätzen, inwieweit Ihr Gegenüber mit dem bisherigen Verlauf der Verhandlung zufrieden ist.

Genau wie Kinder neigen auch nervöse Erwachsene dazu, auf dem Stuhl herumzurutschen (obwohl dieses Verhalten auch ein Ausdruck von Langeweile oder Überlastung sein kann). Nervosität zeigt sich aber auch im Nägelkauen, Herumfummeln an Kleidungsstücken, Kleingeldklimpern in der Hosentasche oder Spielen mit Gegenständen. Wenn Menschen nervös sind, vergrößern sie oft den Abstand zum Verhandlungspartner. Häufig zeigen sie ihre Nervosität auch durch Räuspern oder Unterbrechungen des Redeflusses.

Selbstbewusste Menschen bringen ihre Hände in Kirchturmposition (das heißt, sie halten die Fingerspitzen ihrer Hände so zueinander, dass sie eine Kirchturmspitze bilden). Aufrechtes Sitzen und häufiger Blickkontakt sind ebenfalls Zeichen von Selbstvertrauen. Ein selbstbewusster Mensch sitzt immer ein wenig höher, weil aufrechter, als alle anderen.

Der Vertragsabschluss

Ein Geschäft abzuschließen, bedeutet häufig auch, sich der Person physisch zu nähern, mit der Sie verhandeln. Denken Sie an einen Versicherungsvertreter, der physisch in die Zone der intimen Distanz des Käufers eindringt und ihn zum Unterschreiben des Antrags ermuntert. Der Vertreter beugt sich mit dem ausgefüllten Antrag vor, senkt einschmeichelnd seine Stimme und sagt: »Wenn alles in Ordnung ist, unterschreiben Sie bitte hier.«

Abschluss bedeutet häufig *Annäherung*. Die intime Distanz – sie liegt zwischen 15 und 45 Zentimetern – ist normalerweise für sehr persönliche, liebevolle Interaktionen reserviert. Beim Abschluss kann es jedoch geschehen, dass Sie selbst oder Ihr Verhandlungspartner ganz selbstverständlich in diese Zone eindringen, um den Handel perfekt zu machen. Erfahrene Vertreter wissen, dass eine leichte Berührung am Arm den Abschluss eines Deals mit einem Kunden verfestigt.

In der Regel zeigt sich der magische Moment, in dem sich jemand geistig dazu bereit erklärt hat, das Geschäft abzuschließen, umso schwächer, je größer das Geschäft ist. Meist werden dann die Bedingungen noch einmal von beiden Seiten überprüft, um sicherzugehen, dass der Geschäftsabschluss akzeptabel ist.

Bloß keine Verzögerungen!

Nach Abschluss eines Geschäfts sollten die im Vertrag fixierten Bedingungen sofort abgewickelt werden. Diese Nachbereitung ist sehr wichtig. Es gibt nichts Schlimmeres, als nach der Euphorie eines abgeschlossenen Geschäfts tagelang nichts mehr vom Geschäftspartner zu hören. Kümmern Sie sich selbst um die Abwicklung des Vertrags. Wenn Sie für diesen Teil nicht zuständig sind, kontrollieren Sie die Mitarbeiter der Vertragsabwicklungsabteilung. Sie haben schließlich den Handel abgeschlossen, daher steht hier auch Ihre Integrität auf dem Spiel.

Es ist nicht alles Gold, was glänzt

Körpersprache dient mehr der Verstärkung als dem Ersatz des gesprochenen Wortes. Was bestimmte Handlungen und Gesten genau bedeuten, hängt immer vom einzelnen Menschen wie auch von der Gesamtsituation ab. Dazu folgende Beispiele:

- ✔ Aufrechtes Sitzen kann sowohl eine starre Haltung bei den Verhandlungen bedeuten als auch von einem verspannten Rücken vom Tennis am Tag zuvor herrühren. Sie sollten die Körpersprache immer beobachten, das Ergebnis Ihrer Beobachtungen aber immer auch mit den gesprochenen Äußerungen kombinieren, um die richtige Bedeutung herauszufinden.

- ✔ Normalerweise drückt nur ein Mensch, der sich auch wirklich ärgert, seinen Ärger durch Gesten aus. Man kann diese Gestik natürlich auch zum Erreichen bestimmter Effekte nutzen. Einige Führungskräfte (besonders in der Unterhaltungsindustrie) verwenden solche Gesten notorisch. Denken Sie aber bitte daran, dass es auch Choleriker gibt, die nicht anders können.

Seien Sie bei der Beurteilung der Körpersprache ebenso vorsichtig wie mit allen anderen während einer Verhandlung auftauchenden Informationen.

Jedem das Seine

Ganz gleich, wie viel Sie allgemein über das Lesen der Körpersprache wissen, werden Sie nicht übermütig, wenn Sie Ihre Kenntnisse bei einer bestimmten Person einsetzen – besonders bei jemandem, den Sie nur oberflächlich kennen. Jeder hat seine eigene Körpersprache.

Jedes Kind kann sagen, dass ein Elternteil böse ist, auch wenn die eingesetzte Körpersprache nach allgemeiner Deutung genau das Gegenteil signalisieren würde. Zum Beispiel ist Schweigen normalerweise ein Indiz für innere Ruhe, einige Eltern drücken damit aber gerade ihren Ärger aus. In solchen Familien lernen die Kinder schnell, dass bei Schweigsamkeit der Eltern Ärger ins Haus steht.

Beachten Sie den Kontext

Je mehr Erfahrung Sie mit der Körpersprache haben, desto bewusster wird Ihnen die Vielfalt der Bedeutungen einzelner Gesten. Eine geballte Faust bedeutet in aller Regel Ärger – über dem Kopf geschüttelt sogar extremen Ärger. Springt der betreffende Mensch mit geballten Fäusten auf und nieder und brüllt dazu, kann es aber auch ein Ausdruck höchster Verzückung sein.

Vorsicht, hier wird geblufft

Die Kunst des Verstellens wird von den meisten Erwachsenen ziemlich perfekt beherrscht, vor allem im Geschäftsleben. Verhandlungspartner können Ihnen reinste Zustimmung signalisieren, während sie in ihrem Innern nichts lieber täten, als die Verhandlung abzubrechen.

Wenn Sie das Gefühl haben, Ihr Gegenspieler akzeptiert Ihre Vorschläge, versuchen Sie, das Geschäft perfekt zu machen. Damit können Sie zugleich überprüfen, ob Sie die Körpersprache Ihres Gegenübers richtig verstanden haben. Geht Ihr Versuch daneben, haben Sie die Körpersprache des anderen falsch interpretiert.

Lassen Sie sich beim nächsten Mal nicht noch einmal täuschen, wenn Sie dieselbe Reaktion bei diesem Menschen sehen. Aber versuchen Sie trotzdem weiterhin, das Geschäft perfekt zu machen.

Lächeln ist fast immer ein Ausdruck von Glück. Jedoch verlangt die Gesellschaft manchmal auch ein Lächeln, wenn die

Seele nicht glücklich ist. Straff und höflich zurückgezogene Mundwinkel deuten eher auf Pflichtergebenheit als auf Fröhlichkeit hin. Und ein halbes Lächeln (bei dem ein Mundwinkel hochgezogen ist) legt ein ironisches Gefühl von Überlegenheit offen – wie das Lächeln auf dem Gesicht des bösen Kerls in einem alten Western, kurz bevor er den guten Kerl erschießt.

Denken Sie daran, dass die meisten Differenzen zwischen der sichtbaren Körpersprache und dem beabsichtigten Zweck der Kommunikation rein zufällig sind. Diese Differenzen sind gewöhnlich kein Ergebnis unheimlicher Kräfte. Die Wirkung auf Sie ist jedoch die gleiche, als hätte man Sie in die Irre geführt. Stellen Sie solche Differenzen fest, gehen Sie nicht davon aus, dass Ihr Gegenspieler Sie mit Absicht in die Irre führen will.

Teil III

Mit schwierigen Situationen umgehen

In diesem Teil ...

Manchmal sind Sie der Meinung, Sie hätten sich gut auf eine Verhandlung vorbereitet und das nötige Rüstzeug parat, um erfolgreich verhandeln zu können. Aber trotzdem kommen Sie während der Verhandlungen nicht voran. Hier erfahren Sie alles über schwierige Personen und schmutzige Tricks, die Verhandlungen behindern können. Und Sie erfahren, wie Sie diese Hindernisse überwinden.

Von schwierigen Menschen 5

In diesem Kapitel

- ✔ Schwierige Persönlichkeiten durchschauen
- ✔ Ruhig und sachlich bleiben auch bei schwierigen Gegnern
- ✔ Überlegenheit demonstrieren

Oft genug ist der Grund für Frustrationen und Ärger in einer Verhandlung nicht so sehr ein bestimmtes Ergebnis, sondern die Art, wie etwas gesagt wurde. Jeder von uns hat schon einmal die Erfahrung gemacht, dass bestimmte Menschen uns immer wieder auf die Palme bringen.

In diesem Kapitel zeige ich Ihnen, wie Sie mit diesen Menschen am besten umgehen. Bevor ich über die Menschen rede, die uns bei Verhandlungen gegenübersitzen können, beginne ich mit den Menschen, die uns tagtäglich im Büro begegnen.

Die lieben Kollegen

In intensiven Besprechungen neigen alle Beteiligten nach einer bestimmten Zeit zu Gefühlsausbrüchen. Wenn Sie aber Ihre eigenen und die Gefühle der übrigen Teilnehmer nicht unter Kontrolle behalten und Ausbrüche nicht unterbinden, werden Sie nie zu einem Ergebnis kommen. Die folgenden vier Charaktertypen können eine Besprechung aus dem Kurs bringen, wenn Sie sie nicht in den Griff bekommen:

Der Dominator

Dominante Menschen stören Ihre Besprechung, weil sie jede Unterhaltung beherrschen und kontrollieren wollen. Im Umgang mit ihnen müssen Sie eine starke und feste Hand haben. Hier einige Vorschläge:

- ✔ Danken Sie dem Teilnehmer für seinen konstruktiven Beitrag und loben Sie seine profunde Kenntnis.
- ✔ Machen Sie deutlich, dass Sie auch die Meinungen der anderen Teilnehmer hören wollen. Nach zwei oder drei Unterbrechungen schauen Sie diesen Teilnehmer an und sagen: »Was denken denn die anderen zu diesem Thema?« Stellen Sie sicher, dass Sie die Gruppe auch wirklich zur Mitarbeit anregen und alle Teilnehmer ins Boot kriegen.
- ✔ Bitten Sie die Gruppe oder einen anderen Teilnehmer um Meinungen und Reaktionen.
- ✔ Intervenieren Sie bei persönlichen Angriffen, indem Sie sie in objektive Informationen umwandeln.
- ✔ Warten Sie auf eine natürliche Unterbrechung oder Pause und schreiten Sie dann ein.

Der Schwätzer

Schwätzer sind Leute, die bei ihren Redebeiträgen vom Hundertsten ins Tausendste kommen und die anderen Teilnehmer damit langweilen. Normalerweise brauchen sie nur etwas Aufmerksamkeit.

Sie selbst aber sollen die Diskussion steuern und können nicht die Aufmerksamkeit der anderen Teilnehmer opfern, um die Bedürfnisse eines Einzelnen zu befriedigen.

- ✔ Nehmen Sie den letzten Gedankengang oder die letzte Frage auf. Warten Sie, bis auch der Letzte in der Gruppe merkt, dass die Ausführungen des Schwätzers abdriften. Dann fragen Sie nach: »Und Ihre Frage lautet wie?« Diese Frage unterbricht den Schwätzer und macht ihm bewusst, dass sein Zeitlimit abgelaufen ist und er seine Ausführungen kurz formulieren muss.
- ✔ Sagen Sie ihm, dass Sie das Wesentliche seiner Geschichte verstanden haben.
- ✔ Machen Sie noch einmal die Dringlichkeit der Ziele und die zeitlichen Vorgaben deutlich.
- ✔ Stellen Sie einem anderen Teilnehmer oder der gesamten Gruppe eine Frage und richten Sie das Augenmerk aller Beteiligten wieder auf Ihre Ziele.

Der Störenfried

Es passiert immer wieder, dass Teilnehmer sich in Einzelgespräche vertiefen, während Sie und die übrigen Beteiligten am Gesamtziel arbeiten. Erstens verlieren Sie dadurch die Aufmerksamkeit derjenigen, die gerade in ihre private Unterhaltung vertieft sind, und zweitens verlieren Sie wahrscheinlich auch die Kontrolle über die Besprechung. Eine Unterhaltung zieht nämlich meistens andere Unterhaltungen nach sich.

Derartige Ablenkungen müssen Sie sofort unterbinden, wenn Ihnen die Besprechung nicht aus dem Ruder laufen soll. Versuchen Sie es einmal mit den folgenden Tipps:

- Pausieren Sie kurz, und schauen Sie die Störenfriede direkt an.
- Bitten Sie die Störenfriede, ihre Gedanken der ganzen Gruppe mitzuteilen.
- Betonen Sie noch einmal die Wichtigkeit Ihrer Ziele und machen Sie deutlich, dass alle Beteiligten mehr erreichen würden, wenn nicht alle gleichzeitig reden.

Der Bedenkenträger

Manche Menschen haben das Bedürfnis, alle nur denkbaren Punkte in Frage zu stellen. Egal, welches Thema gerade diskutiert wird – Sie können damit rechnen, dass diese Menschen sich zu Wort melden und ihre etwas andere Sicht der Dinge vortragen. Vorsicht vor solchen Leuten! Befolgen Sie diese Regeln:

- Wenden Sie sich an die Person, die die Gegenmeinung geäußert hat. *Umschreiben* Sie mit Ihren eigenen Worten diese Meinung, um dem Teilnehmer zu zeigen, dass Sie ihn verstanden haben. Machen Sie dann Ihre Position klar. Häufig werden die Bedenkenträger ihre Diskussionen weiterführen wollen. Rufen Sie einfach den nächsten Teilnehmer auf, der eine Frage stellen wollte. Beenden Sie die Diskussionen zum Beispiel, indem Sie sagen: »Gut, lassen Sie mich zunächst Ihre Frage beantworten, dann werde ich auf die Fragen von Herrn Schmidt und Frau Müller eingehen.« So erschweren Sie dem Bedenkenträger die Fortführung des Dialogs und nehmen ihm den Wind aus den Segeln.

✔ Machen Sie aber deutlich, dass Sie nach einer von allen Teilnehmern abgesegneten Tagesordnung vorgehen, um die Diskussion wieder auf den Weg zu dem gewünschten Ziel zu bringen. Fassen Sie die Punkte zusammen, über die Sie schon eine Übereinstimmung erzielt haben, um wieder eine positive Atmosphäre herzustellen.

Persönlichkeitstypen, die eine Verhandlung blockieren

Manche Typen bekommen scheinbar alles, was sie wollen, und lassen auf ihrem zerstörerischen Weg eine Menge negativer Gefühle zurück. Wenn Sie mit solchen Leuten verhandeln, haben Sie immer das Gefühl, als wäre ein gezielter Haken aufs Kinn der Gegner die einzige Möglichkeit, zu ihnen durchzudringen.

Bevor Sie nun aber überlegen, wie Sie diese Menschen mit ihren eigenen Waffen schlagen, sollten Sie eines wissen: Sie können bei Weitem nicht so gut verhandeln wie Sie. Allein die Tatsache, dass Sie sich mit dem Problem auseinandersetzen anstatt Tennis zu spielen, ist der beste Beweis Ihrer Überlegenheit. Sie können sicher sein, dass keiner dieser schwierigen Typen auch nur eine Sekunde darüber nachdenkt, wie er auf Sie wirken könnte. Sie schaffen es nicht, in einer Verhandlung das zu erreichen, was sie mit anderem Benehmen erreichen.

Der Rat eines Psychologen

Ein Psychologe beschreibt das Problem folgendermaßen: »Wenn Sie mit schwierigen Persönlichkeiten zu tun haben, beruhigen Sie sich zunächst selbst. Finden Sie zu Ihrer eigenen inneren Stärke und entspannen Sie sich darin. Versuchen Sie nicht, die scheinbare Stärke der anderen Person zu überwinden.«

Lesen Sie folgende Tipps und wappnen Sie sich gegen die drei schwierigsten Typen:

Der Rüpel

Rüpel arbeiten mit verschiedenen Techniken: Sie machen Nimm's-hin-oder-vergiss-es-Angebote, brüllen, sticheln oder versuchen, ihren Gegenspieler lächerlich zu machen. Sie erinnern sich vielleicht noch an diese Typen aus Ihrer Schulzeit. Ein *Rüpel* ist ein Mensch, der jemand anderes einzuschüchtern versucht, den er als vermeintlich schwächer ansieht.

Egal, worum es geht – Verhandlungen mit einem Rüpel sind nie angenehm. Wenn Sie auf eigene Rechnung verhandeln, wären Sie unter Umständen gut beraten, die Verhandlung abzubrechen, sobald Sie merken, dass Sie es mit einem Rüpel zu tun haben. Jemand, der schon während der Verhandlung als Rüpel auftritt, wird sich wahrscheinlich auch nach Abschluss des Geschäfts rüpelhaft benehmen.

Was auch immer Sie tun – versuchen Sie nie, einen Rüpel durch noch größere Rüpeleien zu übertreffen. Verlassen Sie sich lieber auf die sechs Grundregeln dieses Buches:

- **Bereiten Sie sich vor:** Sorgen Sie dafür, dass Sie vor Beginn der Verhandlung alles Wissenswerte über Ihren Gegenspieler wissen. Wenn Sie vorher wissen, dass Sie mit einem Rüpel verhandeln werden, verlieren alle rüpelhaften Bemerkungen und Angriffe viel von ihrer Kraft. Sie werden sich emotional auf die Verhandlung einstellen und bereits im Vorfeld Gedanken über die Worte machen können, die Sie wählen werden.
- **Legen Sie Grenzen fest:** Denken Sie daran, Ihre Grenzen sehr deutlich zu machen. Machen Sie mit einem Rüpel niemals ein Geschäft, das Sie nicht auch mit jemand anderem gemacht hätten.
- **Hören Sie zu:** Einem Rüpel zuzuhören ist Schwerstarbeit. Rüpel kleiden ihre Botschaft immer in eine verletzend wirkende Sprache, und auch in Ihnen wird schnell Feindseligkeit gegen den Rüpel aufkommen, was mitfühlendes Zuhören praktisch unmöglich macht.
- **Seien Sie deutlich:** Dieser Punkt ist sehr wichtig. Reden Sie nicht viel. Aber in dem, was Sie sagen, müssen Sie auf den Punkt kommen. Machen Sie der anderen Seite und überhaupt allen Beteiligten so emotionslos wie möglich klar, was Sie erreichen wollen.
- **Bewahren Sie emotionalen Abstand:** Bleiben Sie ruhig und legen Sie eine innere Pause ein. Sorgen Sie dafür, dass Ihre persönliche Pause-Taste immer erreichbar ist. Mit gleicher Münze zurückzuzahlen, ist einfach, wenn jemand Ihnen rüpelhaft begegnet. Nehmen Sie sich aber lieber einige Minuten Zeit, um sich zu beruhigen.

- **Geschäftsabschluss:** Versuchen Sie, das Geschäft bei der ersten besten Gelegenheit abzuschließen. Wenn die Verhandlung schon kein reines Vergnügen ist, wollen Sie sie schließlich nicht noch unnötig lange hinauszögern.

Sie müssen sich nicht beleidigen lassen

Wenn Sie diese Schritte befolgt haben, ein Geschäftsabschluss aber trotzdem nicht erreichbar erscheint, sagen Sie Ihrem Gegenspieler, dass Sie sich falsch behandelt fühlen. Ihre einfache und emotionslose Einschätzung der Lage kann viel dazu beitragen, die Situation zu ändern. Verwenden Sie dabei keine Wörter, die sich nach einem Vorwurf anhören, sagen Sie beispielsweise: »Ich bin nicht einverstanden mit der Art und Weise, wie Sie mit mir reden.«

Der Schreihals

Unter einem *Schreihals* verstehe ich einen Menschen, der sehr viel und gerne herumbrüllt. Dieser Persönlichkeitstyp ist zwar eine Variante des Rüpels, aber ich will ihn hier getrennt behandeln, weil der Schreihals in drei Varianten auftritt. Auf jeden Typ müssen Sie anders reagieren:

- Der Schreihals ärgert sich ehrlich, ist verstört oder hat Angst. Über diesen Typ wird in diesem Abschnitt gesprochen.
- Der Schreihals schreit aus Gewohnheit. Dieser Mensch geht in regelmäßigen Abständen in die Luft – wie der Old Faithful-Geysir im Yellowstone-Nationalpark. Diese Menschen sind störend, aber harmlos. Wenn Sie wissen,

dass Sie es mit einem solchen Menschen zu tun haben, reagieren Sie am besten gar nicht.

✔ Der Schreihals ist ein Rüpel. Wenn so ein Mensch versucht, Sie herumzuschubsen, lesen Sie den vorigen Abschnitt. Ein solches Verhalten müssen Sie keinesfalls dulden.

Der schlimmste Fehler, den Sie in einer solchen Situation machen könnten, wäre, auf dieselbe Stufe schlechten Benehmens wie Ihr Gegenüber hinabzusteigen. Wenn Sie normalerweise nicht dazu neigen zu brüllen, fangen Sie am besten auch nicht damit an, bloß weil gerade der Mensch auf der anderen Seite des Tisches Sie anbrüllt.

Die kühle Frage »Sind Sie jetzt fertig?« funktioniert zwar in Filmen immer sehr gut, wird aber im richtigen Leben meist als einfallslose Beleidigung aufgefasst.

Besser, wenn auch schwieriger, ist eine mitfühlende Reaktion. Verständnis für jemanden aufzubringen, der Sie gerade aus voller Kehle anbrüllt, widerspricht zwar all Ihren Instinkten, ist aber wahrscheinlich die beste Möglichkeit, dem Schreihals den Wind aus den Segeln zu nehmen. Versuchen Sie beim nächsten Mal, wenn jemand Sie anschreit, so zu reagieren:

✔ »Ich kann hören, dass Sie sich über irgendwas ärgern.«

✔ »Lassen Sie mich mal sehen, ob ich Sie da richtig verstanden habe ...«

✔ »Erzählen Sie mir mehr davon.«

All diese Sätze haben eine überraschend beruhigende Wirkung. Mit einer solchen Reaktion geben Sie dem Schreihals nicht nach, zeigen aber Mitgefühl und sagen damit Ihrem Gegenüber, dass Sie gerne verstehen möchten, was er zu sagen hat. Machen Sie dem Schreihals klar, dass Sie sich über seinen hysterischen Ausbruch nicht ärgern, und behandeln Sie sein Verhalten unabhängig vom eigentlichen Verhandlungsgegenstand.

Der emotionale Ausbruch und dessen Inhalt sind zwei komplett unterschiedliche Dinge. Wenn Sie in der Lage sind, diesen Unterschied zu sehen, kann auch Ihr Gegenüber möglicherweise diesen Unterschied erkennen. Wenn der Ausbruch mehr als nur eine Pose ist, wenn dieser Mensch sich also wirklich über etwas ärgert, sollten Sie eine Pause einlegen. Selbst eine kurze Pause kann schon helfen, die Atmosphäre nach einem Ausbruch zu reinigen und die Gemüter wieder zu beruhigen.

Austausch der Verhandlungsparteien

Wenn Sie aber merken, dass der Ausbruch mit den eben beschriebenen Mitteln nicht bewältigt werden kann, sollten Sie über einen Austausch einer oder beider Verhandlungsparteien nachdenken. Ein anderes Mitglied des Verhandlungsteams ist vielleicht noch frischer und kann deshalb vielleicht besser mit einem derartig kämpferischen Verhandlungsgegner fertig werden.

Und welcher Typ sind Sie?

Es ist schwer zuzugeben und schwer zu glauben, aber haben Sie schon einmal überlegt, ob Sie vielleicht selbst der schwierige Mensch sind? Welch schrecklicher Gedanke! Niemand mag sich gerne damit auseinandersetzen, aber vielleicht brüllt Ihr Gegenüber ja deshalb so häufig, weil Sie einen Verhandlungsstil haben, der für andere besonders frustrierend ist. Falls Ihre Verhandlungen immer unnötig kontrovers sind, überlegen Sie einmal, was *Sie* tun könnten, um dieses Muster zu ändern.

Wenn zwei Leute sich in zwei Ihrer letzten drei Verhandlungen über Sie aufgeregt haben, liegt der Fehler mit größter Wahrscheinlichkeit bei Ihnen. Versuchen Sie herauszufinden, welche Aspekte Ihrer Gesprächsführung Verhandlungen mit Ihnen so frustrierend und ärgerlich machen. Fragen Sie jemanden, der Sie bedingungslos liebt. Verteidigen Sie sich nicht. Setzen Sie sich nur hin und hören Sie sich die ganze grausame Wahrheit an. Versuchen Sie dann, bis zur nächsten Verhandlung Ihre Fehler abzustellen.

Der Star oder der Boss

Wir alle kennen Menschen, die uns eine gehörige Portion Ehrfurcht abringen. Eine Verhandlung mit einem Menschen, in dessen Gegenwart man sprachlos vor Ehrfurcht wird, ist sehr schwierig. Wie können Sie eine solche Situation bewältigen, wenn Sie unbedingt ein Geschäft abschließen müssen?

Stellen Sie sich vor, Sie sollten mit einer Berühmtheit verhandeln. Manchmal ist es vielleicht auch schon ein Gespräch mit dem Chef Ihres Chefs, das zu einer solchen Befangenheit führt. Was also können Sie da machen?

Bereiten Sie sich vor. Vergewissern Sie sich, dass Sie genau wissen, was Sie wollen, warum Sie es wollen und mit welchem Recht Sie es wollen. Finden Sie auch heraus, welcher Mensch sich hinter dem Bild verbirgt, das Sie sich von ihm machen. Finden Sie heraus, ob der Mensch allein lebt oder verheiratet ist. Hat er Kinder? Welche Hobbys hat er? Suchen Sie nach dem wirklichen Menschen, dann werden Sie auch Fortschritte erzielen.

Schmutzige Tricks und gefährliche Hürden

6

In diesem Kapitel

- Umgang mit Hindernissen und Konflikten, die den Geschäftsabschluss blockieren
- Eine Verhandlung abbrechen
- Eine Neuverhandlung in Betracht ziehen

Selbst die beste Verhandlung kann durch Pannen und unglückliche Ereignisse aus der Bahn gebracht werden. Mit solchen *Hürden* müssen Sie lernen umzugehen. Das Geheimnis für ein erfolgreiches Überspringen von Hürden ist einfach: Behalten Sie einfach Ihr Ziel fest im Auge. Sie wollen eine Vereinbarung erreichen – lassen Sie sich daher nicht vom Weg abbringen.

Am besten drücken Sie erst einmal die Pause-Taste, bevor Sie das nächste Hindernis aus dem Weg räumen. Prüfen Sie, ob Sie alle zu einer erfolgreichen Verhandlung erforderlichen Punkte beachtet haben. Suchen Sie das Problem und beheben Sie es. Danach können Sie die Verhandlung fortsetzen und gelangen ein Stück näher an das gewünschte Ziel.

Die folgenden Abschnitte bieten sowohl allgemeine Regeln als auch einige einfache Schritte, mit denen Sie die häufigsten Hindernisse aus dem Weg räumen können, die während einer Verhandlung auftreten.

Dauernde Positionswechsel

Zu jeder Verhandlung gehören Konzessionen. Jede Seite macht Konzessionen auf Grund der Informationen, die sie mit der anderen Seite über Sachfragen und Prioritäten ausgetauscht hat. Abgesehen von unvorhersehbaren Umständen sollten die Prioritäten während der Verhandlung gleich bleiben. Bleiben Sie in wichtigen Fragen und Zielen während der ganzen Verhandlung immer bei einer Position.

Falls die andere Seite ihre Position und ihre Prioritäten ständig ändert, unterbrechen Sie die Sitzung, bis Sie den Grund dafür herausgefunden haben. Auf Ihren Verhandlungspartner könnte zum Beispiel Folgendes zutreffen:

- Vielleicht haben sich die Gesamtumstände bei der anderen Partei deutlich geändert. Möglicherweise verlangt die neue Situation auch eine neue Lösung.
- Vielleicht will die andere Seite Sie reinlegen.
- Vielleicht ist die andere Seite nicht so vorbereitet, wie sie es sein sollte. Sollte das der Fall sein, legen Sie eine Pause ein. Die Verhandlung wird für beide Seiten besser verlaufen, wenn beide Seiten gleich gut vorbereitet sind. Sagen Sie einfach: »Vielleicht sollten wir uns auf morgen vertagen. Sie können dann noch die Punkte klären, die sich in letzter Minute ergeben haben. Keine Eile. Wir möchten, dass Sie auf dieses Geschäft vorbereitet sind.«

Schriftliche Memos sind in einer solchen Situation immer gute Hilfsmittel. Aber Vorsicht: Wenn dauernde Positionswechsel zum Verhandlungsstil Ihres Gegenspielers gehören, müssen

Sie auch damit rechnen, dass solch ein Mensch Ihre Unterlagen verliert, verlegt, ignoriert oder einfach keine Zeit zum Lesen findet.

Wenn Sie den Verdacht haben, Ihr Gegenspieler könnte Ihre Aufzeichnungen absichtlich verlegen, denken Sie daran, Ihr Memo klar und deutlich zu verfassen: »Falls Sie mit einem oder allen Punkten dieses Memos nicht einverstanden sind, geben Sie mir bitte bis spätestens ... Bescheid.«

Guter Cop, böser Cop

Eine weniger offensichtliche, aber ebenso gefährliche Hürde auf dem Weg zum Geschäftsabschluss ist die *Guter-Cop-böser-Cop-Masche*. Dieser Trick ist eine Variante der kriminalpolizeilichen Verhörtechnik, bei der ein Polizist den Verdächtigen hart ins Verhör nimmt, während ein zweiter den sanften, freundlichen Polizisten mimt, der gelegentlich wie der erlösende Engel erscheint. Die Theorie geht davon aus, dass der Verdächtige dem guten Cop schließlich ein Geständnis macht.

Verlieben Sie sich um Himmels willen nicht in den guten Cop. Der gute Cop ist derjenige, der Sie am Ende hereinlegen wird. Falls Sie das bezweifeln, denken Sie nur daran, dass der gute Cop der wissende Partner des bösen Cops ist. Der gute Cop ist meistens der angenehmere Mensch, aber natürlich stecken beide unter einer Decke.

Im Folgenden sind einige Möglichkeiten aufgelistet, mit denen Sie dieses unangenehme Duo in seine Schranken weisen können:

- **Schlagen Sie sie mit ihren eigenen Waffen.** Machen Sie weiter wie bisher und vertrauen Sie sich dem guten Cop an. Sagen Sie ihm, dass der böse Cop die Verhandlung um ein Haar zum Platzen gebracht hätte. Vertrauen Sie ihm Ihre Alternativen an. Aber seien Sie immer auf der Hut, setzen Sie Termine und konzentrieren Sie sich auf Ihr Ziel. Ihr Gespräch mit dem guten Cop ist nichts weiter als eine Fortsetzung des Gesprächs mit dem bösen Cop.
- **Erschaffen Sie selbst einen bösen Cop.** Erzählen Sie Ihrem Gegenüber, dass Sie liebend gerne tun möchten, was sie vorschlagen, doch dass Ihr Chef verlangt, sich an die vorliegenden Punkte zu halten.
- **Lassen Sie den bösen Cop des gegnerischen Teams einfach reden.** Manchmal löst dies das Problem, besonders wenn der böse Cop unausstehlich ist. Schließlich wird sein eigenes Team müde, ihn reden zu hören, und sagt ihm, er solle den Mund halten.
- **Wandeln Sie den guten Cop in einen bösen Cop um, indem Sie ihn bloßstellen.** Dies zeigt der Gegenseite, dass Sie die Guter-Cop-böser-Cop-Dynamik erkennen. Auch wenn Sie die beiden Cops nur für sich selbst identifizieren, hilft dies manchmal, die Situation besser zu beherrschen, ohne dabei Beschuldigungen äußern zu müssen.

Der unsichtbare Partner

Eines der größten Ärgernisse, das Sie während einer Verhandlung erleben können, ist die (gewöhnlich viel zu späte) Entdeckung, dass die andere Seite keine Entscheidung ohne vorherige Rücksprache mit einem unsichtbaren oder gerade nicht erreichbaren Partner oder Chef treffen kann.

Falls Sie schon einmal in diese Falle gestolpert sind, haben Sie vorher wahrscheinlich nicht genug Informationen über die Gegenseite gesammelt, um festzustellen, wer auf der Gegenseite Entscheidungskompetenz hat.

Wenn Sie merken, dass die Entschuldigung mit dem unsichtbaren Partner kurz bevorsteht, nutzen Sie die Gelegenheit und bitten Sie Ihr Gegenüber, seinen Partner einmal vorzustellen. Keine Verhandlungen mit ihm, um Himmels willen, nein, auf keinen Fall. Sie wollen sich einfach nur vorstellen.

Belassen Sie es bei einem Höflichkeitsbesuch

Halten Sie Ihr Wort. Versuchen Sie bei diesem ersten Treffen nicht, mit dem unsichtbaren Partner zu verhandeln, wenn Sie vorher zugesichert haben, nicht über geschäftliche Dinge reden zu wollen. Sobald Sie diesen Höflichkeitskontakt hinter sich haben, haben Sie allerdings jederzeit die Möglichkeit, mit dem dann nicht mehr unsichtbaren Partner in Kontakt zu treten, um gegebenenfalls eine Sackgasse zu öffnen.

Es gibt eine nützliche Frage, die Sie dem unsichtbaren Partner schon bei Ihrem ersten Treffen stellen können. Danken Sie Ihm, dass er Ihnen Gelegenheit gegeben hat, ihn kennenzulernen. Sagen Sie dann, dass Sie sich darauf freuen, mit dem von ihm bestimmten Verhandlungsführer verhandeln zu dürfen. Nach dem üblichen Smalltalk fragen Sie den unsichtbaren Partner, ob seine Seite genug Zeit zur Besprechung der

Verhandlungsparameter gehabt habe und ob Sie mit dem Unterhändler ein Geschäft abschließen können.

In dieser Zeit bringen Sie die eigentliche Verhandlung zwar nicht weiter, aber je mehr Sie unternehmen, um diese frustrierende Technik mit der unsichtbaren Autorität zu unterbinden, die Ihre Bemühungen bei jeder Gelegenheit durchkreuzt, desto besser und reibungsloser läuft die Verhandlung.

Falls es Ihnen nicht gelingt, den Großen Unsichtbaren zu treffen, drängen Sie darauf, dass der unsichtbare Partner in der kommenden Verhandlungssitzung in der Nähe untergebracht wird oder telefonisch jederzeit erreichbar ist. Wenn dann die nächste Frage auftaucht, die mit ihm besprochen werden muss, kann die andere Seite seine Abwesenheit nicht länger als Entschuldigung dafür verwenden, die Verhandlung hinauszuzögern.

Falls die Verhandlung bereits fortgeschritten ist und kurz vor dem Abschluss steht, können Sie den unsichtbaren Partner (oder Chef, der das Geschäft genehmigen muss) als eine neue Forderung innerhalb der Verhandlung angeben.

Ich stelle daraufhin eine ähnliche Bedingung: »Okay, aber achten Sie darauf, dass Ihr Partner (oder Chef) versteht, dass Sie und ich dieses Geschäft bereits bis zum Abschluss verhandelt haben. Falls er etwas ändert, werde ich erneut mit meinen Teamkollegen sprechen müssen und diese werden zweifellos etwas ändern wollen. Im Augenblick ist das Geschäft akzeptabel. Wir haben bei einigen Punkten Zugeständnisse gemacht und Sie auch. Das Geschäft ist ausgewogen. Eine Änderung zu diesem späten Zeitpunkt könnte das gesamte Geschäft aus dem

Gleichgewicht bringen. Es würde definitiv zu Verzögerungen kommen.«

Eine solche Feststellung hält die Gegenseite häufig davon ab, überhaupt mit dem Großen Unsichtbaren Rücksprache zu halten. Aber auch wenn die andere Seite dann immer noch darauf besteht, mit dem unsichtbaren Partner beraten zu müssen, wird das Geschäft in den meisten Fällen unverändert abgeschlossen.

Kleine Zugeständnisse herausschlagen

Gerade als Sie dachten, dass alle Punkte besprochen und das Geschäft unter Dach und Fach ist, will der Verhandlungsgegner noch einige kleine Zugeständnisse erreichen. Manchmal werden diese Forderungen am Ende der Verhandlungssitzung gestellt. Manchmal fragt der Verhandlungsgegner in einem Telefongespräch am nächsten Morgen danach. In vielen Kulturen ist ein solches Verhalten akzeptabel, und in manchen Kulturen wird es sogar erwartet. Doch in Europa und Amerika werden solche Personen als kleinlich oder geizig angesehen.

Früher oder später wird jemand versuchen, auf den letzten Drücker noch ein paar kleine Vorteile herauszuschlagen. Ihr Verhandlungspartner ist vielleicht aus folgenden Gründen auf zusätzliche Vorteile aus:

- **Gewohnheit:** Der Verhandlungspartner mag das Gefühl, etwas umsonst zu bekommen. Er fragt nach einer kostenlosen Krawatte, wenn er einen Anzug kauft.

- **Kaufreue:** Nachdem die Gegenseite die Verhandlung überschlafen hat, hat sie das Gefühl, ein schlechtes Geschäft zu machen und will dies ausgleichen.

Ihre erste Reaktion ist, Fragen zu stellen. Sie sollten den Grund für die Forderungen erfahren: »Sind Sie sicher, dass Sie dann zufrieden sind? Sind Sie überzeugt, dass Sie nicht noch weitere Zugeständnisse erreichen wollen?« Nachdem Sie alle nötigen Informationen erhalten haben, können Sie der Forderung zustimmen oder sie ablehnen.

Zugeständnisse machen oder Forderungen ablehnen

Egal, ob Sie Ihrem Gegenüber entgegenkommen wollen oder nicht, Sie müssen es nur richtig tun:

Falls die Forderung legitim erscheint, geben Sie dem Verhandlungspartner das Gewünschte. Im Verhältnis zum gesamten Geschäft macht das Zugeständnis wahrscheinlich nicht viel aus. Machen Sie eine große Sache daraus und achten Sie darauf, dass dies das Geschäft sofort abschließt. Teilen Sie der Person mit: »Das Zugeständnis wird in dem Vertrag vermerkt sein.« Damit versteht der Verhandlungsgegner, dass das Zugeständnis an den Abschluss des Geschäfts gebunden ist.

Falls die Forderung aus Gewohnheit gestellt wurde und nur ein Ärgernis ist, lehnen Sie sie höflich ab. Begegnen Sie einer erneuten Forderung mit Kichern, um die Komik der Situation zu unterstreichen und sagen Sie etwas Ähnliches wie: »Funktioniert das normalerweise bei Ihnen? Mit Ihnen würde ich wirklich gerne einmal einkaufen gehen!«, ohne dabei auf die Forderung einzugehen. Sie können auch sagen, dass die Vertragsunterlagen bereits erstellt wurden und nicht mehr verändert werden können.

Mit Verhandlungsfallen und gescheiterten Verhandlungen umgehen

7

In diesem Kapitel

- Vorsicht: Paradebeispiele für gefährliche Deals
- Eine Verhandlung abbrechen und wieder aufnehmen

Bis jetzt ging es um den Versuch, das Geschäft trotz ärgerlicher Taktiken, die vielleicht während der Verhandlung gegen Sie eingesetzt wurden, abzuschließen. Doch das spiegelt noch nicht die ganze Bandbreite der Verhandlungspraktiken wider. Auch bei sympathischen Partnern können Sie in versteckte Fallen geraten. Also: aufgepasst!

Und schließlich müssen Sie bei jedem Geschäft auch auf den absoluten Reinfall gefasst sein: Auch als wahrer Verhandlungsmeister können Sie einen Verhandlungsabbruch nicht immer verhindern, müssen lernen damit umzugehen und wissen, wie Sie Verhandlungen wieder ankurbeln und fortführen können.

Schlechte Angebote erkennen

Sie werden früher oder später auch Verhandlungen erleben, in denen die Gegenseite Ihnen angenehm ist und scheinbar keine wirklichen Probleme auftauchen. Doch im entscheidenden Moment sagt Ihnen eine innere Stimme, den letzten Vorschlag dieser Person nicht aufzugreifen. In den folgenden Abschnitten werden Situationen beschrieben, in denen Sie schnell in Deckung gehen sollten.

In einigen besonderen Situationen gibt es Anzeichen, dass Sie das Geschäft weiterverfolgen sollten, doch diese Situationen sind sehr selten. Wenn Sie denken, dass Sie sich in einer solchen Situation befinden, besprechen Sie sich zunächst mit anderen Personen, die davon betroffen sind. In einer der folgenden Situationen sollten Sie die Verhandlung nicht weiterführen, ohne vorher eine Realitätsprüfung von jemandem durchführen zu lassen, dem Sie vertrauen und der sich auf diesem Gebiet auskennt.

»Falls Sie diesen Preis akzeptieren, werde ich mit Ihnen in Zukunft weitere Geschäfte machen.«

Nun, ist das nicht verlockend? Dieses Angebot bedeutet, dass Sie zusätzliche Arbeit bekommen und dass die zukünftige Arbeit einen Preis erzielt, der Ihrer Preisforderung etwas näher kommt als in dieser Verhandlung. Ja, eine Menge Arbeit erfordert normalerweise einen Preisnachlass, daher ist es angemessen, Güter oder Dienstleistungen zu einem günstigeren Preis bereitzustellen, wenn mehr davon nachgefragt wird. Daher ist dies eine akzeptable Absprache, und Sie sollten das Geschäft abschließen.

Falsch!

Stimmen Sie diesem Geschäft nur zu, falls die folgenden Punkte zutreffen:

- ✔ **Sie erhalten die Zusage über zukünftige Geschäfte in Schriftform.** Sie möchten sicher nicht bei dem ersten

Geschäft große Einbußen erleiden, die sich niemals auszahlen, da die verlockenden zukünftigen Geschäfte nicht stattfinden.

- ✔ **Sie wissen genau, wie viele zukünftige Geschäfte geplant sind und welchen Anteil Ihr Unternehmen daran haben wird.** Dies ist die Voraussetzung zur genauen Berechnung des Rabatts, den Sie von Ihrem normalen Preis gewähren können.

- ✔ **Sie können es sich leisten, die Arbeit oder die Güter zu einem geringeren Preis zur Verfügung zu stellen.** Wenn Sie bei einem Auftrag Geld verlieren, können Sie diesen Verlust über das Arbeitsvolumen nicht ausgleichen. Sie müssen bei jeder Arbeit, die Sie verrichten, einen Gewinn machen. Um welche Arbeit es sich auch immer handelt, Sie müssen sicherstellen, dass Sie bei dem ersten Auftrag kein Geld verlieren.

»Wir sind so in Eile, warum starten wir das Projekt nicht einfach schon ohne Vertrag?«

Sie haben sich mit dem Verhandlungsgegner in allen wichtigen Punkten geeinigt, und Sie vertrauen ihm. Außerdem weiß jeder, dass die Rechtsexperten oft eine Ewigkeit brauchen, bis alle Vertragspapiere fertig sind. Falls Sie auf einen schriftlichen Vertrag bestehen, bevor Sie das Projekt starten, zeigen Sie, dass Sie kein Vertrauen haben. Diese Abmachung erscheint sinnvoll, und Sie sollten den Sprung wagen.

Falsch!

Falls das Projekt wichtig ist, wollen, brauchen und verdienen Sie schriftliche Unterlagen. Nichts vermeidet zukünftige Missverständnisse so gut wie die schriftliche Festlegung der Bedingungen. Die Vereinbarung muss nicht lang und kompliziert sein. Sie muss nicht von Juristen vorbereitet werden. Sie benötigen lediglich ein Stück Papier, auf dem geschrieben steht: »Dies ist die Arbeit, die ich leisten will« oder »Dies sind die Güter, die ich Ihnen zu diesem Preis liefern will«. Sie benötigen nur ein paar Minuten, um ein solches Dokument vorzubereiten, doch Sie werden Stunden oder Monate brauchen, um Missverständnisse zu klären, die aus anfänglichen Unklarheiten entstehen.

Manchmal führt unklare Kommunikation am Anfang einer Verhandlung zu Missverständnissen. Manchmal führt ein Sinneswandel während der Verhandlung zu Missverständnissen. Manchmal kommt es zu Missverständnissen, weil sich Dinge anders entwickeln als erwartet.

Die meisten Missverständnisse lassen sich aber leicht und schnell vermeiden, wenn Sie Vereinbarungen auf einem Stück Papier notieren. Lassen Sie Ihr Gegenüber das Geschriebene sorgfältig lesen, Fragen stellen und Änderungen vornehmen, und zeichnen Sie es dann ab.

»Wir sind so gute Freunde, lassen Sie uns sofort mit dem Projekt anfangen.«

Wenn Sie mit Freunden verhandeln, brauchen Sie keine schriftlichen Unterlagen. Zwischen Ihnen beiden ist noch nie ein böses Wort gefallen. Sie sind zusammen durch dick und dünn gegangen. Sie kennen Ihre Erwartungen, und Ihr Freund wird immer zu Ihnen halten. Tatsächlich könnte die Erwähnung, dass Sie schriftliche Unterlagen benötigen, die Freundschaft beeinträchtigen, und das möchten Sie sicherlich nicht.

Wieder falsch!

Ruinieren Sie keine Freundschaft

Es gibt nichts Schlimmeres als Missverständnisse zwischen Freunden, die ein gemeinsames Vorhaben starten wollen. Das Missverständnis wird schnell von Verrats- oder Verlustgefühlen abgelöst. Es ist schrecklich. Oft sind Menschen in mein Büro gekommen, die gemeinsam ein Projekt ohne eine schriftliche Vereinbarung begonnen haben und deren Projekt schiefging, da keine Partei die Erwartungen der anderen Partei kannte. Sorgen Sie dafür, dass Ihnen dies nicht passiert.

Sie brauchen keine große Sache daraus zu machen, Ihre Vereinbarung schriftlich niederzulegen. Sagen Sie einfach: »Lass mich dies nur schnell aufschreiben, damit es klar ist.« Lassen Sie dann die andere Seite das Geschriebene bestätigen. Sie sollten kein Geschäft abschließen, bevor Sie sich nicht beide in puncto Erwartungen und Vorstellungen darüber geeinigt haben, was akzeptabel ist und was nicht.

Wenn Sie wirklich Freunde sind, opfern Sie diese Freundschaft nicht auf dem Altar des schnellen Geschäfts, das grundlegende Fehler enthält. Arbeiten Sie die Details von Anfang an aus oder lassen Sie das Geschäft ganz bleiben.

Umgebungsbedingte Probleme und deren Lösungen

Neben den vom Gegenüber verursachten Problemen gibt es je nach Branche noch andere Hindernisse, die eine Verhandlung vom Kurs abbringen können. Mit etwas Geschick können Sie jedoch einige dieser *umgebungsbedingten* Probleme aus dem Weg räumen.

- **Abwesende Entscheider:** Sie und Ihr Verhandlungspartner legen eine Besprechung fest, und eine weitere wichtige Person muss daran teilnehmen. Doch vor Beginn der Besprechung kommt dieser etwas dazwischen, das sie fernhält. Damit müssen Sie den Besprechungstermin verschieben – wieder und immer wieder.

  Lösung: Versuchen Sie, die Besprechung ohne diese Person abzuhalten, und schreiben Sie dann einen Bericht, sodass die Person weiß, welche Diskussionen stattgefunden haben.

- **Fehlende Informationen:** Oftmals haben Informationen, die Sie für Ihre Verhandlung benötigen, für Ihre Kollegen weniger Priorität. Gehaltsverhandlungen sind schwierig, bevor ein Budget freigegeben wird. In der verarbeitenden Industrie benötigen Sie vielleicht den Produktionsplan, um zu sehen, was wann ausgeliefert wird. Fehlende Informationen können eine Verhandlung wirklich aufhalten.

  Lösung: Suchen Sie Details, über die Sie und der Verhandlungspartner verhandeln können, während Sie auf wichtige Information warten. Falls Ihre Seite den Ablauf verzögert, versuchen Sie bei der Zusammenstellung der nötigen Informationen zu helfen. Gehen Sie lieber Ihren Kollegen zur Hand, als das Geschäft zu verlieren.

- **Zu viel Papierkram**: Für das Geschäft sind so viele Formulare auszufüllen, dass der potenzielle Käufer sich zurückzieht. Wenn alles in doppelter oder dreifacher Kopie ausgefüllt werden muss, wird er sich schnell nach einem anderen Geschäftspartner umsehen.

  Lösung: Füllen Sie so viele Formulare wie möglich schon vor Beginn der Verhandlung aus. Sorgen Sie dafür, dass die Papiere übersichtlich sind.

- **Schlecht organisierte Arbeitsmaterialien**: Wenn Sie nach einem Vertragsformular greifen wollen und es ist nicht zu finden, bedeutet das eine unnötige Verzögerung. Wenn das Formular bereitliegt, aber voller typografischer Fehler oder falsch datiert ist, werden bei Ihrem Gegenspieler alle Warnlampen aufblinken.

  Lösung: Prüfen Sie vorher alle Materialien, die Sie in der Verhandlung verwenden wollen. Sorgen Sie dafür, dass Ihnen nur das bestmögliche Material zur Verfügung steht.

Konfliktmanagement bei Nichtabschluss des Geschäfts

Die Möglichkeit für Konflikte ist bei dem Versuch eines Geschäftsabschlusses eine ständig gegenwärtige Realität. Konflikte können über unterschiedliche Ansichten, Meinungen, Persönlichkeiten und Interessen entstehen. Doch Konflikte müssen nicht immer zerstörerisch sein. Falls die richtigen

Möglichkeiten zum Umgang mit Konflikten gewählt werden, kann das Ergebnis auf beiden Seiten zu Vorteilen führen.

Im Folgenden werden vier Wege dargestellt, die beim Konfliktmanagement helfen können:

- **Drücken Sie die Pause-Taste.** Hier ist sie wieder – eine weitere Gelegenheit, die Pause-Taste zu drücken. Manchmal ist eine Pause während einer hitzigen Situation die beste Möglichkeit. Sie hilft, die Situation zu entschärfen und hält Sie davon ab, unrealistische Zugeständnisse oder Forderungen zu äußern.
- **Finden Sie eine Lösung, die beiden Seiten Vorteile bringt.** Dies ist die beste Strategie, die Sie verfolgen können, um Konflikte zu lösen. Eine Lösung, die beiden Seiten nützt, ermöglicht konstruktive Konflikte – das bedeutet, Sie müssen die andere Seite nicht vernichten, um als Gewinner dazustehen.
- **Schlichtung.** Dabei führen Sie die Verhandlung mit Hilfe einer dritten Person weiter, zum Beispiel mit einem Rechtsanwalt. Eine Schlichtung kostet aber viel Geld und Zeit und wird als Lösung nur empfohlen, wenn es absolut notwendig ist. Versuchen Sie immer, die Konflikte möglichst selbst zu regeln.
- **Kein Geschäftsabschluss.** Wenn ein Konflikt zur Folge hat, dass das Geschäft nicht abgeschlossen werden kann, ändert sich nichts. Sie erzielen keinen Vorteil in der Weiterführung der Verhandlung und brechen die Verhandlung ab.

Der große Reinfall – die Verhandlung wird abgebrochen

Es gibt keine größere Herausforderung als die unangenehme Situation, wenn einer der Verhandlungspartner die Verhandlung abbricht. Dieser ultimative Reinfall bedeutet meistens das Ende für ein Geschäft.

Eine Verhandlung wird nicht nur dadurch abgebrochen, dass der Gegenspieler den Raum verlässt. Dazu gehören auch moderne Erscheinungsformen wie auf die Gabel geknallte Telefonhörer oder deutliche E-Mails mit der nachdrücklichen Feststellung, dass der Partner die Verhandlungen für gescheitert erklärt. Klar, dass in dieser Lage eine Verhandlung nicht zu einem Abschluss kommen wird, wenn nicht beide Seiten wieder anfangen, miteinander zu reden. Fragen Sie sich, wie Sie die Dinge wieder ins Lot bringen können.

Dieser Abschnitt behandelt drei Varianten des Verhandlungsabbruchs:

- ✔ Die Gegenseite bricht die Verhandlung ab.
- ✔ Ein Mitbewerber, der zur gleichen Zeit mit der Gegenseite verhandelt, bricht die Verhandlungen ab.
- ✔ Sie brechen selbst die Verhandlung ab.

Wenn die Gegenseite die Verhandlung abbricht

Wenn Sie das Gefühl haben, dass die Gegenseite die Verhandlung überstürzt oder aber aus bloßer Effekthascherei abbricht, scheuen Sie sich nicht, sie zurückzuhalten. Händler haben schon seit Jahrhunderten die Gewohnheit, auch wegen kleinster Beträge einen Kunden, der ihren Laden verlassen will, am Arm zurückzuhalten.

Falls Ihr Gegenüber den Kontakt zu Ihnen abbricht, indem er zum Beispiel eilig den Verhandlungstisch verlässt, den Telefonhörer auf die Gabel knallt oder Ihre Anrufe nicht annimmt, können Sie eine Kommunikation unter Umständen nicht sofort wieder herstellen.

Wenn Ihr Gegenüber zunächst nicht erreichbar ist, nutzen Sie diese Zeit zu Ihrem Vorteil. Überprüfen Sie die von Ihnen festgelegten Grenzen und alle neuen Informationen, die Sie seit Beginn der Verhandlung gesammelt haben.

Behalten Sie Ihre eigenen Ziele, Bedürfnisse und Grenzen im Auge. Betrachten Sie diese unerwartete Unterbrechung als Gelegenheit zur Analyse der Situation und zur Neuorientierung.

Lassen Sie Emotionen beiseite

Der Abbruch einer Verhandlung ist nicht die rechte Zeit für Emotionen; in dieser Situation sollten Sie Ihre eigenen Interessen verfolgen. Konzentrieren Sie sich darauf, was Sie erreichen wollen. Und seien Sie niemals zu stolz, zum Telefon zu greifen und die Angelegenheit wieder ins Lot zu bringen, wenn das Ihnen helfen kann, Ihre Ziele zu erreichen.

Wenn die andere Seite reumütig an den Verhandlungstisch zurückkehrt

Wenn die andere Seite Sie anruft, seien Sie offen für einen neuen Anfang. Wenn Ihr Gegenüber wieder auf Sie zukommt, hören Sie sich seine Erklärungen mit dem gebührenden Respekt an, auch wenn Sie erhebliche Einwände haben.

Der erste Kommentar des Gegenüber könnte sogar eine negative Bemerkung über Ihr eigenes Verhalten sein. Sie sollten den Kommentar mit einem »Ich verstehe« zur Kenntnis nehmen, anstatt darüber zu streiten, wer die Auseinandersetzung verursacht hat. Immerhin ruft der Gegenspieler an, um die Verhandlung weiterzuführen, und das sind gute Neuigkeiten.

Auch wenn die andere Seite Ihnen nicht so weit wie gewünscht entgegenkommt, bedanken Sie sich für die Bereitschaft, den ersten Schritt getan zu haben. Unter derartigen Umständen kann selbst der kleinste Schritt schon eine gewaltige Anstrengung sein – und vielleicht der Schlüssel für eine endgültige Vereinbarung.

Behalten Sie Ihre Grenzen im Auge, ganz gleich was Ihnen angeboten wird. Wenn Ihre Grenzen überschritten werden, müssen Sie in der Lage sein, die Verhandlung erneut abzubrechen und Ihre weiteren Schritte zu prüfen. Falls Sie das nicht tun, verlieren Sie an Glaubwürdigkeit.

Wenn ein Mitbewerber seine Verhandlungen mit Ihrem Gegenüber abbricht

Wenn einer Ihrer Mitbewerber für ein bestimmtes Projekt seine Verhandlungen mit Ihrem Gegenüber abbricht, versuchen Sie,

Ihr eigenes Geschäft schnell unter Dach und Fach zu bringen. Normalerweise ist die Gegenseite in dieser Zeit besonders verletzlich. Sie haben also die Gelegenheit zu einem besonders vorteilhaften Geschäft.

Versuchen Sie, alles über die vergangenen Ereignisse beim Gegenüber herauszufinden. »Was ist da bei Ihnen vorgefallen?« Mit dieser Frage bekommen Sie meistens mehr Informationen als nötig. Hören Sie aufmerksam zu. Zeigen Sie Ihr Mitgefühl, selbst wenn Ihr Gesprächspartner unvernünftig gehandelt hat.

Wenn Sie sich als Unterstützer der Gegenseite darstellen, steigern Sie Ihre Chancen für den eigenen Geschäftsabschluss. Versuchen Sie in diesem Gespräch herauszufinden, was genau Ihr Mitbewerber Ihrem Gegenspieler nicht bieten konnte. Finden Sie auch heraus, welches Thema zur Zeit des Verhandlungsabbruchs gerade auf dem Tisch lag.

Auf Schnelligkeit kommt es an

Denken Sie daran, dass in dieser Situation Schnelligkeit ebenso wichtig ist wie eine gründliche Vorbereitung. Sie müssen blitzschnell reagieren, um mit den verschiedenen Parteien in Verbindung zu treten. Geben Sie ein Angebot innerhalb des Rahmens ab, den die andere Seite sich vorstellt, und schließen Sie dann das Geschäft so schnell wie möglich ab.

Der Beginn der Neuverhandlung

Wenn Verhandlungen abgebrochen werden, sei es durch Sie oder durch die andere Seite, muss dies nicht endgültig sein. Brechen Sie keine Brücken hinter sich ab. Zerstören Sie keine Geschäftsbeziehungen und Geschäftschancen wegen etwas, das sich vielleicht als eine vorübergehende Störung zwischen Ihnen und der Person auf der anderen Seite des Verhandlungstisches herausstellt.

Halten Sie inne und betrachten Sie die Verhandlung so objektiv wie möglich. Falls Sie sich unsicher sind, ob Sie versuchen sollten, die Verhandlung wieder aufzunehmen, bitten Sie einen Freund oder vertrauten Kollegen um eine Beurteilung der Situation. Falls Sie sich für eine Wiederaufnahme der Verhandlung entschließen, stellen Sie sich ein paar Fragen: Wurde die vorherige Verhandlung wegen eines bestimmten Verhandlungspunkts abgebrochen? Wie würde sich diese Verhandlung von der vorherigen unterscheiden? Wie hatten Sie selbst zu dem Problem beigetragen?

Wenn Sie versuchen, eine Verhandlung erneut zu starten, schlagen Sie eine oder mehrere Lösungen vor. Erklären Sie, wie Sie die Schwierigkeiten der letzten Verhandlung überwinden wollen und was andere Personen dazu beitragen sollten.

Einer abgebrochenen Verhandlung neues Leben einzuhauchen, ist schwierig und wird mit Sicherheit Ihre Persönlichkeit stärken. Jeder sollte aus seinen Fehlern lernen. Sie haben Glück. Sie werden nicht oft die Möglichkeit bekommen, eine Verhandlung abzuschließen, die vorher ernsthaft vom Kurs abgekommen war. Nutzen Sie deshalb die Gelegenheit.

Innehalten und nachdenken

Bevor Sie erneut Kontakt zum Verhandlungspartner aufnehmen, verinnerlichen Sie noch einmal die sechs Grundfragen:

- ✔ Benötigen Sie noch weitere Informationen über die Gegenseite oder den Markt? Bereiten Sie sich auf die Neuverhandlung genauso gründlich vor wie auf die erste Verhandlung.
- ✔ Sind Ihre Ziele und Grenzen angemessen? Geben Sie nicht nur der Gegenseite die Schuld an dem Abbruch der letzten Verhandlung. Vielleicht waren auch Ihre eigenen Erwartungen unangemessen.
- ✔ Haben Sie den Bedürfnissen und Wünschen der anderen Seite zugehört oder haben Sie nur Ihre eigenen Absichten verfolgt?
- ✔ War Ihre Präsentation klar und deutlich oder könnte die andere Seite Sie missverstanden haben?
- ✔ Haben Sie Ihre Pause-Taste gedrückt, wenn eine Pause nötig war, oder waren Sie der anderen Seite gegenüber etwas gereizt? Falls Sie Ihrer Frustration Ausdruck gegeben hatten, vergessen Sie nicht, sich dafür zu entschuldigen.
- ✔ Haben Sie versucht, die einzelnen Punkte während der Verhandlung abzuschließen oder haben Sie zu viele Punkte offen gelassen, sodass die Gegenseite überfordert war?

Teil IV

Der Top-Ten-Teil

»Ich akzeptiere kein ›Nein‹ als Antwort. Und ich akzeptiere auch kein ›Was auch immer‹, ›Von wegen‹ oder ›Na ja‹.«

In diesem Teil ...

Jedes ... *für Dummies*-Buch endet mit diesen praktischen Listen. Dieser Top-Ten-Teil beschreibt die Eigenschaften von wahren Verhandlungskünstlern und gibt Ihnen ein paar Tipps bei den wichtigsten Verhandlungen, die in Ihrem Leben auf Sie zukommen könnten. Stöbern Sie in diesem Teil, wann immer Sie ein paar Minuten Zeit haben und Ihr Verhandlungsgeschick verbessern wollen.

Die zehn wichtigsten Charakterzüge eines guten Verhandlungsführers

8

In diesem Kapitel

- ✔ Erkennen Sie die Qualitäten erfolgreicher Verhandlungsführer
- ✔ Entwickeln Sie diese Qualitäten für sich selbst

Ob Sie nun eher schüchtern sind oder extrovertiert, ob Sie schnell nervös werden oder der ruhigste Mensch der Welt sind – Sie können alle Charakterzüge, die in diesem Kapitel aufgeführt werden, entwickeln.

Schnellsprecher, langsame Redner und alle, die irgendwo dazwischen liegen, können von der Entwicklung dieser Eigenschaften profitieren. Sie können diese Qualitäten in dem Ausmaß und in der Geschwindigkeit weiterentwickeln, wie es Ihnen am besten entspricht und gefällt.

Sie sind nie zu alt

Es ist nie zu spät, an sich selbst zu arbeiten. Es bringt Ihnen nichts, Ihrem Partner, Ihrer Erziehung oder Ihrer Umgebung die Schuld zuzuschreiben. Sie können sich in jedem Alter weiterentwickeln und aus Ihren Erfahrungen lernen. Als Eltern sollten Sie bewusst Ziele für Ihre Kinder festlegen, ihr Verhalten formen, sie zum Üben ermutigen und positives Verhalten stärken. Kurz gesagt, Sie können Ihre Kinder zu erfolgreichen Verhandlungsführern erziehen.

Einfühlungsvermögen

Ich nenne Einfühlungsvermögen aus gutem Grund an erster Stelle. *Einfühlungsvermögen* ist die Fähigkeit, an den Gefühlen und Ideen eines anderen Menschen Anteil zu nehmen, sich in einen anderen Menschen hineinzuversetzen.

Einfühlungsvermögen ist das Fundament jeder erfolgreichen Kommunikation und ein notwendiger Charakterzug eines erfolgreichen Verhandlungsführers. Diese Eigenschaft macht es überhaupt erst möglich, die Unterschiede zwischen Ihnen und Ihrem Gegenspieler zu erkennen. Sie bewahren sich Ihre eigenen Gefühle und Ansichten und verstehen gleichzeitig die Gefühle und Ansichten Ihres Gegenübers.

Respekt

Respekt folgt mit sehr kurzem Abstand zum Einfühlungsvermögen auf dem zweiten Platz. Sie müssen zunächst einmal sich selbst und Ihre Grenzen respektieren. Nur dann sind Sie auch in der Lage, andere als wertvolle Menschen anzusehen und deren Grenzen zu respektieren.

Sich selbst zu respektieren, ist nur eine andere Art von Selbstbewusstsein. Respekt vor sich selbst ist eine unabdingbare Voraussetzung, ohne die Sie sich nicht selbst motivieren können. Wenn Sie etwas erreichen wollen, wollen Sie das schließlich für sich selbst erreichen – und nicht, um anderen zu gefallen.

Persönliche Integrität

Unter *persönlicher Integrität* verstehe ich Ehrlichkeit und Zuverlässigkeit. »Ehrlich währt am längsten« ist eine Weisheit, die sich in allen Bereichen des Lebens immer wieder beweist. Ehrlichkeit und Zuverlässigkeit sind für Sie ungeheuer wichtig, damit andere Ihnen in einer Verhandlung vertrauen können. Sie werden dann für einen verlässlichen Menschen gehalten.

- ✔ Halten Sie sich an Vereinbarungen, die Sie mit sich selbst oder anderen getroffen haben. Wenn Sie versprochen haben, mehrere Informationsbroschüren zu senden, dann tun Sie dies auch. Und senden Sie die Broschüren pünktlich und ohne vorher daran erinnert werden zu müssen.
- ✔ Bleiben Sie in einer Verhandlung immer bei der Wahrheit. Eine Frage nicht zu beantworten oder bestimmte Informationen zurückzuhalten, ist völlig in Ordnung. Lügen sind jedoch niemals erlaubt.

Respekt beruht immer auf Gegenseitigkeit

Wenn Sie Ihrem Gegenüber mit Respekt begegnen, ist es sehr viel wahrscheinlicher, dass man auch Ihnen mit Respekt entgegenkommt. Wenn Sie lernen wollen, anderen Menschen noch respektvoller zu begegnen, hören Sie Ihren Gesprächspartnern noch aufmerksamer zu und schauen Sie ihnen dabei in die Augen. Hören Sie sich gute Ideen und Gedanken an, die Ihnen sinnvoll erscheinen, und machen Sie dem Sprecher dafür ein Kompliment. Meistens ist Respekt ein Ergebnis von Wissen. Je mehr Sie über einen Menschen wissen, desto wahrscheinlicher werden Sie diesen Menschen auch respektieren.

Ehrliche und zuverlässige Menschen übernehmen die Kontrolle über ihr Leben, ihre Möglichkeiten, Gedanken, Gefühle und Handlungen, ohne dabei anderen die Schuld zu geben. Sie kennen ihre Werte und sind auf keine Machtspielchen angewiesen.

Fairness

Fairness ist ein weiterer Charakterzug, der auf Einfühlungsvermögen basiert. Sie müssen daran glauben, dass auch die Bedürfnisse und Wünsche der anderen Seite berücksichtigt werden müssen.

Fairness bedeutet nicht, dass Sie alle Leute gleich behandeln müssten. Falls Sie Kinder großgezogen haben oder Vorgesetzter von Mitarbeitern waren, haben Sie wahrscheinlich schon die Erfahrung gemacht, dass das, was dem einen gegenüber fair ist, nicht unbedingt auch dem anderen gegenüber fair sein muss. Eines Ihrer Kinder weiß vielleicht schon nach einem strengen Blick, was Sie wollen. Andere müssen Sie mit vielen Worten deutlich und wiederholt auffordern, überhaupt hinzuhören.

Um ein Gefühl für Fairness zu entwickeln, müssen Sie sich überlegen, welche Ziele Sie haben und welche Ziele die andere Seite hat. Bestimmen Sie die Bereiche, in denen Sie übereinstimmen, und die Bereiche, in denen Sie noch einen Kompromiss ausarbeiten müssen. Bedenken Sie dabei immer die Fähigkeiten und Erfahrungen Ihres Gegenspielers.

Geduld

Geduld bedeutet, Schmerzen und Unannehmlichkeiten ruhig und ohne Klagen hinzunehmen. Geduld ist die Fähigkeit,

Frustrationen und Hindernisse auf dem Weg zum Ziel zu ertragen – und nicht aufzugeben. Dieser Charakterzug erlaubt Ihnen, auch im Angesicht größter Unannehmlichkeiten durchzuhalten.

> **Misserfolg gehört zum Erfolg**
>
> Sie müssen wissen, dass Enttäuschungen und Rückschläge Teil des Erfolgs sind. Wer hätte noch nie diesen guten Rat gehört: »Wenn Du es beim ersten Mal nicht schaffst, versuch es immer wieder!« Es ist wirklich wahr: Ob Sie nun Sportler, Musiker oder Wissenschaftler sind – über viele »Neins« kommen Sie schließlich zum entscheidenden »Ja«. Alle erfolgreichen Menschen wissen, dass es einfach zum Leben gehört, abgelehnt, zurückgewiesen oder blockiert zu werden. Erfolg haben aber diejenigen, die durchhalten und es immer weiter versuchen.

Wenn Sie geduldiger werden wollen, betrachten Sie einmal Ihr bisheriges Leben. Wie viel Geduld und Durchhaltevermögen haben Sie bisher bewiesen? Versuchen Sie, sich an ein früheres Ziel zu erinnern, von dem Sie angenommen haben, Sie würden es nie erreichen. Vielleicht erkennen Sie, dass Sie es jetzt erreicht oder sogar übertroffen haben.

Verantwortungsbewusstsein

Verantwortung übernehmen heißt, Vertrauenswürdigkeit und Zuverlässigkeit zu zeigen. Verantwortung übernehmen heißt auch, dass Sie die Konsequenzen akzeptieren, wenn Sie eine Aufgabe entweder erledigt oder aber vernachlässigt haben.

Verantwortung übernehmen heißt aber nicht, dass Sie keine Fehler machen können. Es bedeutet nur, dass Sie Ihre Fehler berichtigen, wenn Sie merken, dass Sie eine Aufgabe verpatzt haben.

Eine Methode, sich zu verbessern, besteht darin, einmal gründlich »Klarschiff« zu machen. Mit dieser Übung können Sie alle kleinen und großen Probleme, für die Sie verantwortlich sind, aus der Welt schaffen. Danach haben Sie wieder Ruhe, sich auf Ihre eigentlichen Ziele zu konzentrieren. Beginnen Sie Ihr Großreinemachen mit folgenden Tätigkeiten:

- ✔ Entschuldigen Sie sich bei Kollegen, Mitarbeitern, Ihrem Ehepartner oder Ihren Kindern, dass Sie sie angebrüllt haben.
- ✔ Bezahlen Sie alle noch irgendwo herumliegenden »Knöllchen«.
- ✔ Füllen Sie alle Formulare und Anträge aus, die Sie bisher immer beiseitegelegt haben.
- ✔ Heften Sie den Stapel Papiere ab, der sich auf Ihrem Schreibtisch angesammelt hat.
- ✔ Halten Sie alle Termine in Ihrem Kalender auch wirklich ein.

Flexibilität

Flexibilität ist die Fähigkeit, neue Situationen und Schwierigkeiten sofort richtig zu erfassen und zu behandeln. Wenn die eine Methode nicht funktioniert, versuchen Sie eben eine andere. Die Probleme des Lebens und die Probleme während einer Verhandlung werden als Herausforderungen betrachtet.

Flexibilität ist eine wichtige Voraussetzung für einen Geschäftsabschluss, der beide Seiten zufriedenstellt und später auch tatsächlich funktioniert. Sie müssen in einer Verhandlung flexibel sein, um Ihre Ziele und Wünsche mit den Zielen und Wünschen der Gegenseite in Übereinstimmung zu bringen.

Humor

Wenn Sie *Humor* haben, erkennen Sie die komische Qualität auch in einer scheinbar ernsten Situation. Humor ist die Fähigkeit, die Elemente zu erkennen, zu würdigen und auszudrücken, die amüsant oder komisch sind.

Suchen Sie in einer unangenehmen Lage immer nach den amüsanten Aspekten. Geben Sie nicht anderen die Schuld, sondern suchen Sie weiter nach Lösungen. Humor setzt voraus, dass Sie sich selbst respektieren und so flexibel sind, eine unbefriedigende Situation kreativ aufzulösen.

Lachen macht gesund

Untersuchungen zeigen, dass herzliches Lachen die Laune eines Menschen hebt und sein Immunsystem stärkt. Es senkt den Blutdruck, verbessert die Gehirnfunktion, hilft zu entspannen und lässt gute Gefühle entstehen. All dies wird Ihnen während einer Verhandlung Vorteile bringen und lässt Sie lockerer werden.

Selbstdisziplin

Selbstdisziplin ist ein wesentlicher Bestandteil der Fähigkeit, ein selbstbestimmtes und autarkes Leben zu führen. Wenn Sie Selbstdisziplin besitzen, brauchen Sie niemanden, der Sie

»von oben« motiviert. Sie haben selbst die innere Kraft, die Sie zu Ihren Zielen treibt. Die Belohnung dafür kommt aus Ihnen selbst und nicht von den anderen, die Sie von außen unterstützt haben.

Selbstdisziplin ist eine andere Ausprägung von Fleiß: Alle Dinge werden ernsthaft angegangen. Ernsthaft hat dabei aber nichts mit Düsterkeit oder Humorlosigkeit zu tun. Wenn Sie ein guter Verhandlungsführer werden wollen, widmen Sie sich Ihrer Aufgabe mit Freude, Optimismus, Energie und einem Plan. Verfolgen Sie weiter ernsthaft Ihre Ziele, ohne dabei Ihren Sinn für Humor zu verlieren.

Entwickeln Sie einen eigenen Plan und folgen Sie diesem Plan. Genau das ist mit Selbstdisziplin gemeint.

Durchhaltevermögen

Durchhaltevermögen ist die Fähigkeit, weiterzumachen, wenn alle anderen schon aufgegeben haben.

Um Ihr Durchhaltevermögen zu stärken, beherzigen Sie folgende Ratschläge:

- ✔ Essen Sie gesund.
- ✔ Nehmen Sie Ihre Vitamine.
- ✔ Sorgen Sie für ausreichend und guten Schlaf.
- ✔ Versuchen Sie, ein ausgewogenes Verhältnis zwischen Arbeit und Freizeit zu finden.

Die zehn wichtigsten Verhandlungen Ihres Lebens

9

In diesem Kapitel

- ✔ Verhandlungen zu Hause und im Beruf
- ✔ Faire Abschlüsse bei wichtigen Transaktionen erreichen

In diesem Kapitel finden Sie einige hilfreiche Tipps zur Bewältigung verschiedener äußerst stressiger Verhandlungen in Ihrem Leben.

Die Gehaltserhöhung

Die meisten Menschen bitten wenigstens einmal in ihrem Leben um eine Gehaltserhöhung. Wenden Sie die in diesem Buch erklärten sechs Grundfertigkeiten an, um bessere Ergebnisse zu erzielen:

1. **Bereiten Sie sich vor.**

   Sie müssen sich sicher sein, eine Gehaltserhöhung verdient zu haben, und Ihren Wert für den Arbeitgeber genau kennen. Sie müssen wissen, wie viel Gehaltserhöhung das Firmenbudget verträgt und wie Ihre Dienste im Allgemeinen bezahlt werden.

2. **Setzen Sie sich Grenzen und Ziele.**

   Setzen Sie sich ein hohes Ziel, aber bleiben Sie realistisch. Sie sollten Vorschläge machen, die Ihr Chef realistisch bejahen kann. Legen Sie außerdem Ihre Alternativen für den Fall fest, dass Ihre Firma Ihre Minimalforderungen nicht erfüllen will.

3. **Hören Sie aufmerksam zu.**

   Lassen Sie Ihren Chef erzählen, was er über sinkende Budgets, die Gehälter von Angestellten und Personalprobleme im Allgemeinen zu sagen hat. Sie können dadurch Argumente für Ihre eigene Position sammeln. Fragen Sie ihn, wie er Ihre Leistung beurteilt. Wenn Sie unterschiedliche Ansichten über Ihre Leistungen haben, sollten Sie diese Unterschiede sofort aufklären.

4. **Seien Sie deutlich.**

   Versuchen Sie, überzeugend zu sein, ohne dabei übermäßig Druck auszuüben. Vermeiden Sie Ultimaten, Drohungen und andere Zwangsmaßnahmen. Zeigen Sie Ihrem Vorgesetzten, dass Sie eine Gehaltserhöhung verdienen, die auf Ihren vergangenen und zukünftigen Beiträgen innerhalb der Firma basiert.

5. **Drücken Sie die Pause-Taste.**

   Halten Sie Ihre Gefühle unter Kontrolle und lassen Sie sich nicht zu einem Gefühlsausbruch hinreißen.

6. **Schließen Sie das Geschäft ab.**

   Möglicherweise braucht Ihr Chef Bedenkzeit. Das ist auch ganz in Ordnung. Lassen Sie sich aber in jedem Fall einen Termin für seine Entscheidung geben.

Der Gebrauchtwagenkauf

Beim Kauf eines Gebrauchtwagens sollten Sie folgende wichtigen Punkte bedenken:

- ✔ Sie sollten wissen, was für eine Art von Auto Sie wollen.
- ✔ Verlieben Sie sich nicht in ein bestimmtes Auto, bevor Sie es gekauft haben.
- ✔ Sie müssen wissen, was Sie sich leisten können. Geben Sie nicht mehr aus.
- ✔ Kaufen Sie ein gebrauchtes Auto erst, nachdem es von einem vertrauenswürdigen Automechaniker geprüft wurde.
- ✔ Informieren Sie sich über den Markt und verhandeln Sie erst dann über den Preis.

Die beste Quelle für Preisinformationen sind die Kleinanzeigen der Tageszeitungen oder Anzeigenblätter sowie die Zeitungen, die sich ausschließlich mit An- und Verkauf befassen.

Einen Verlobungs- oder Ehering kaufen

Der Preis für einen Ehering richtet sich in erster Linie nach der Menge des verwendeten Goldes. Wenn Sie nicht gerade Juwelier sind, können Sie selbst nicht testen, wie viel *Karat* (oder Reinheit) ein Ring hat. Wenn möglich, sollten Sie sich bei der Anschaffung eines Verlobungs- oder Eheringes an einen Juwelier halten, den Sie gut kennen. Sollten Sie jedoch weder einen Juwelier kennen noch nützliche Empfehlungen von Freunden bekommen, vergewissern Sie sich zumindest, dass Sie es mit einem Juwelier zu tun haben, der sein Geschäft schon einige Zeit betreibt.

Eine Hochzeit vorbereiten

Je nach Größe Ihrer Hochzeitsfeier müssen Sie mit einigen anstrengenden Monaten vor dem großen Tag rechnen. Um die Planung zu erleichtern, holen Sie sich Hilfe in den einschlägigen Magazinen. In Zeitschriften finden Sie Checklisten und Terminplaner für alle möglichen Vorbereitungsarbeiten.

Die eigentlichen Herausforderungen liegen allerdings in den Verhandlungen darüber, wer zur Hochzeit eingeladen wird und welche Rolle er oder sie dabei spielen soll. Die Verhandlungen zu diesen Fragen mit Ihrer eigenen Familie, Ihrem zukünftigen Ehepartner und den zukünftigen Schwiegereltern können sehr intensiv werden. Versuchen Sie, so objektiv wie nur möglich zu Werke zu gehen.

Achten Sie darauf, Ihren zukünftigen Ehepartner in den Vorbereitungsprozess mit einzubeziehen. Zum Heiraten gehören zwei, daher sollten Sie beide zur Vorbereitung beitragen.

Ein Haus kaufen

Ein Hauskauf ist für die meisten Menschen die wichtigste Kaufentscheidung ihres Lebens. Meistens nehmen sie sich für die Suche nach einem geeigneten Haus sehr viel Zeit und vergleichen eine Vielzahl von Angeboten.

Finden Sie als Nächstes heraus, ob der Preis des Hauses fair ist in Bezug auf die Marktlage, die Nachbarschaft und andere Hauskäufe in jüngerer Vergangenheit. Ihr Makler wird Ihnen bei diesem Schritt helfen. Ausgerüstet mit diesen Informationen sind Sie schließlich in der Lage, Ihr Angebot abzugeben.

Lassen Sie sich aber nie in ein Geschäft drängen, bei dem Sie sich nicht wohlfühlen. Falls Sie dieses Haus nicht erwerben, dann gibt es immer irgendwo noch andere Häuser.

Schließen Sie nie die Kaufverhandlung für ein Haus ab, bevor Sie nicht völlig sicher sind, dass das Haus in dem Zustand ist, den Sie erwarten, und dass die finanziellen Bedingungen für Sie akzeptabel sind.

Die Suche nach dem richtigen Darlehen

Ihre Bemühungen, was den günstigsten Kredit betrifft, sollten mindestens genauso ausführlich sein wie die Haussuche. Meistens wird der Darlehensantrag allerdings lange hinausgezögert, weil er unangenehm und umständlich ist. Dies ist aber ein wichtiger Teil des Gesamtpakets.

Die Zinssätze für *Immobiliendarlehen* können Sie bei den verschiedenen Geldinstituten erfragen. Sie können jedoch auch einen *Makler für Immobiliendarlehen* beauftragen, der Sie professionell bei der Suche nach dem richtigen Darlehen für Ihre Bedürfnisse unterstützt und Ihnen hilft, die Anträge richtig auszufüllen. Im Allgemeinen werden diese Makler von dem Kreditinstitut bezahlt, die das Darlehen gewähren.

Verhandlungen über die Renovierung Ihres Eigenheims

Von Leuten, die ihr Haus renovieren ließen, bekomme ich sehr oft zu hören, dass sie Probleme mit Handwerkern hatten, die nicht zum vereinbarten Zeitpunkt erschienen sind oder deren Arbeit das Budget überschritten hat.

Befolgen Sie diese Tipps, um nicht mehr Geld als vorgesehen auszugeben und Ärgernisse zu vermeiden:

- ✔ Lernen Sie Ihren Handwerker gründlich kennen, bevor Sie ihn mit der Arbeit betrauen.
- ✔ Nehmen Sie Vertragsstrafen und eine Bonusregelung in den Arbeitsvertrag mit dem Unternehmer auf.
- ✔ Lassen Sie sich einen schriftlichen Kostenvoranschlag geben, bevor Sie den Auftrag vergeben.
- ✔ Legen Sie fest, dass Extras vorher mit Ihnen abgestimmt werden müssen.
- ✔ Halten Sie einen Teil der Zahlung so lange zurück, bis Sie die Arbeit endgültig abgenommen haben.

Scheidungsvereinbarungen aushandeln

Die Schwierigkeit bei der Verhandlung über eine Scheidungsvereinbarung liegt darin, dass die entsprechenden Gesetze die finanzielle und nicht die menschliche Seite berücksichtigen. Deshalb sollten Sie als Erstes ein Unterstützungsteam um sich versammeln.

Der Chef dieses Teams ist normalerweise Ihr Anwalt. Unter Umständen können auch andere Experten (beispielsweise ein Steuerberater) zum Team gehören. Wenn Sie Kinder haben, sollten Sie außerdem einen Familienberater hinzuziehen. Last but not least sollten Sie auch einen oder mehrere Freunde in das Team aufnehmen.

> **Vorsicht bei der Wahl Ihres Scheidungsanwalts**
> Die Anwaltsgebühren können sehr unterschiedlich ausfallen. Reden Sie mit mindestens zwei oder drei Anwälten, bevor Sie sich für einen entscheiden. Sie sollten einen Anwalt haben, der umgänglich, verfügbar und kompetent ist. Falls Sie Kinder haben, die von Ihrer Scheidung betroffen werden, sollte er sich auf Kindesunterhalt, Besuchsrecht und so weiter spezialisiert haben.

Schlafenszeit, Ausgang oder Nachtisch – wichtige Verhandlungen mit Ihren Kindern

Auch Verhandlungen mit Ihren Kindern können anstrengend sein. Deshalb sollten Sie auch hierbei einige grundlegende Gedanken immer im Hinterkopf behalten.

1. **Nicht zu viel und nicht zu wenig erwarten**

   Um fair mit Ihrem Kind verhandeln zu können, müssen Sie wissen, was Sie von einem Kind in einem bestimmten Alter erwarten können. Informieren Sie sich über Kindererziehung und -entwicklung, um dies besser einschätzen zu können.

2. **Grenzen für Kinder festlegen**

   Sie sollten Ihre Grenzen klar definieren. Machen Sie auch deutlich, mit welchen Konsequenzen die Kinder beim Überschreiten Ihrer Grenzen zu rechnen haben.

Welche Grenzen Sie festlegen sollten, hängt natürlich immer vom Alter des Kindes ab.

Lassen Sie aber Ihre Warnungen und Erinnerungen nicht in Meckerei ausarten. Machen Sie Ihre Grenzen deutlich, aber wiederholen Sie sie nicht ständig. Überschreitet Ihr Kind die klar definierten Grenzen, müssen Sie auch die Sanktionen anwenden.

3. **Wie Sie Ihren Kindern richtig zuhören**

   Sie müssen Ihren Kindern sehr aufmerksam zuhören. Beschäftigen Sie sich nicht mit anderen Dingen, während Ihre Kinder mit Ihnen reden. Zollen Sie ihnen denselben Respekt wie Ihrem Ehepartner oder einem Kollegen und ziehen Sie keine voreiligen Schlüsse. Hören Sie sich von Anfang bis Ende an, was Ihr Kind Ihnen zu sagen hat, bevor Sie antworten.

4. **Sagen Sie deutlich, was Sie wollen**

   Vermeiden Sie es, das Kind zu beschuldigen. Formulieren Sie negative Bemerkungen in positive um. Betonen Sie, was das Kind tun *kann*, und nicht, was es nicht tun kann. Loben Sie Ihr Kind bei jeder möglichen Gelegenheit. Beschreiben Sie ihm, was Ihnen besonders gefallen hat und warum es Ihnen gefallen hat.

5. **Der Druck auf die elterliche Pause-Taste**

   Das Wissen, wann und wie die Pause-Taste gedrückt wird, ist der wichtigste Aspekt bei Verhandlungen mit Kindern. Oft drücken Eltern Ihre Sorgen um ihre Kinder als Ärger aus.

Wenn Ihre Eltern nicht mehr selbst entscheiden können

Die Entscheidung, welche medizinische Versorgung ein Elternteil bekommen soll, das wegen einer schweren Krankheit nicht mehr selbst entscheiden kann, ist eine Tragödie, die über viele Familien hereinbricht. Der Mensch, der jahrelang die Familie geführt und versorgt hat, ist plötzlich zu krank, um selbst Entscheidungen zu treffen oder Wünsche zu äußern – eine extrem emotionsgeladene Situation für alle Familienmitglieder.

Halten Sie als Familie zusammen

Es gibt bei der Entscheidung in einer solchen Situation keine richtige oder falsche Lösung. Wichtig ist dabei nur, dass man diese Krise auf eine Art und Weise bewältigt, die alle Familienmitglieder noch näher zusammenbringt, anstatt sie zu trennen. Die wichtigste Fähigkeit ist hier, den anderen Familienmitgliedern mit Respekt und Liebe zuzuhören und die eigenen Gefühle deutlich zu vermitteln, um letztlich eine gute Entscheidung für alle Beteiligten zu treffen.

Verhandlungen über eine Beerdigung

Die meisten Beerdigungsunternehmer werden versuchen, Sie davon zu überzeugen, nur das Beste (und Teuerste) zu nehmen. Die schwierigste Verhandlung in dieser Situation müssen Sie deshalb mit sich selbst führen. Dies ist schließlich die letzte Gelegenheit, Ihre Liebe und Zuneigung für den Verstorbenen zu zeigen. Dabei müssen Sie sehr vorsichtig sein, nicht zu übertreiben. Mein Rat: Halten Sie sich zurück!

Die wichtigste Respektsbezeugung gegenüber dem Toten ist Ihre und die Liebe Ihrer Familie für den Verstorbenen auch über dessen Tod hinaus. Bemühen Sie sich nach Kräften, alle Freunde und Verwandte zusammenzuholen, und tauschen Sie gemeinsam Ihre Erinnerungen an den Verstorbenen aus. Das ist der eigentliche Sinn einer Beerdigung – und nicht ein noch so prunkvoller Sarg.

Da zurzeit eines persönlichen Verlustes ein wenig emotionaler Abstand sehr wichtig ist, empfehle ich Ihnen, Ihre persönliche Pause-Taste zur Verhandlung mit dem Beerdigungsunternehmen mitzunehmen. Denken Sie daran: Die Menschen, von denen Sie zu deren Lebzeiten geliebt wurden, würden nicht wollen, dass Sie sich wegen ihres Todes in Schulden stürzen.

Stichwortverzeichnis

P

R

S

T

V

Z